ΣBEST シグマベスト

中2 数学 パターンドリル

文英堂編集部 編

文英堂

この本の特長と使い方

この本は，問題の解き方の「パターン」をくり返し練習することで，
数学の問題が自然と解けるようになるドリルです。

特長

1 スモールステップで着実に実力アップ！

1 年間の学習内容を 90 項目に細かくわけているので，つまずくことなく
着実に数学ができるようになります。

2 1回はたったの1ページ！

1 回 1 ページ構成なので無理なくサクサク進めることができます。

使い方

1 例題を見て，解き方を覚える

まずは，例題 を見てどのように解くかを確認しましょう。
自信がある場合は，自分で考えて解いてみるのも OK です！
考えてもわからない場合はすぐに 解 を見ましょう！

2 練習問題を解く

例題 と同じように解いてみましょう。
解き方などがわからなかったら，もう一度 例題 を見直しましょう！

3 解答を見て，マルつけをする

マルつけは 1 問ごとにするのがオススメです。
解いてからすぐにマルつけをすることで，記憶に残った状態で確認
をすることができます。わからなかった問題は，もう一度チャレンジ
してみましょう。
最終的には 例題 の 解 や 解答 を見ずに解けることを目指しましょう！

LEVEL（難易度）を ★☆☆☆☆（基本）～ ★★★★★（発展）の5段階で表しています。★☆☆☆☆，★★☆☆☆，★★★☆☆の順に優先的に解きましょう。

例題 基本的な問題からテストによく出る問題まで，いろいろな重要な問題が載っています。まずは解き方を確認しましょう。

解答 練習問題の答えはここにまとめています。難しい単元は1問ごとに答え合わせをしましょう。

別冊解答集

LEVEL ★☆☆☆☆

1 単項式と多項式

学習日　月　日
解答 p.2

例題1 多項式$5a^2-7a+8$の項を書きなさい。

解 単項式の和の形で書くと，$5a^2+(-7a)+8$
単項式　単項式　単項式

単項式…数や文字の乗法だけでできている式
多項式…単項式の和の形で表された式

1つ1つの単項式が，多項式の項である。

項は，$5a^2$，$-7a$，8 …答

例題2 次の式は何次式か。

(1) $6x^3$　(2) $4ab+9a+3b$

解 (1) $6x^3=6\times x\times x\times x$で，文字は3個
だから，この単項式の次数は3→3次式 …答

単項式の次数は，かけられている文字の個数

(2) 各項の次数は，$4ab$，$9a$，$3b$
文字1個→次数1
文字1個→次数1
文字2個→次数2

多項式の次数は，各項の次数のうちで最も大きいもの

だから，この多項式の次数は2→2次式 …答

1 次の多項式の項を書きなさい。

(1) $3x+2y$

(2) $-8a+b-4$

(3) $4x^2-15xy+y^2$

(4) $1.3a-ab-7c$

(5) $\frac{1}{2}p^2-6p+\frac{1}{4}$

2 次の式は何次式か。

(1) $-7a^2$

(2) $\frac{1}{4}x^3y^2$

(3) $3a^2+8a+6$

(4) $-5x+2y$

(5) $-xy^3-3xy-9y$

6

1章 式の計算

1 単項式と多項式 p.6

解答

1 (1) $3x$，$2y$
(2) $-8a$，b，-4
(3) $4x^2$，$-15xy$，y^2
(4) $1.3a$，$-ab$，$-7c$
(5) $\frac{1}{2}p^2$，$-6p$，$\frac{1}{4}$

2 (1) 2次式 (2) 5次式 (3) 2次式
(4) 1次式 (5) 4次式

解き方

1 単項式の和の形で書いたときの1つ1つの単項式が，その多項式の項である。
(1) $3x+2y$は単項式$3x$と単項式$2y$の和。
(2) $-8a+b-4=(-8a)+b+(-4)$
(3) $4x^2-15xy+y^2=4x^2+(-15xy)+y^2$
(4) $1.3a-ab-7c=1.3a+(-ab)+(-7c)$
(5) $\frac{1}{2}p^2-6p+\frac{1}{4}=\frac{1}{2}p^2+(-6p)+\frac{1}{4}$

2 (1)，(2)は単項式で，(3)～(5)は多項式。
(1) $-7a^2=-7\times a\times a$ ←文字2個
(2) $\frac{1}{4}x^3y^2=\frac{1}{4}\times x\times x\times x\times y\times y$ ←文字5個
(3) 文字の項の次数は，$3a^2$(次数2)，$8a$(次数1)だから，2次式。
(4) 各項の次数は，$-5x$(次数1)，$2y$(次数1)だから，1次式。
(5) 各項の次数は，$-xy^3$(次数4)，$-3xy$(次数2)，$-9y$(次数1)だから，4次式。

ポイント

1 (2)のbや-4のように，1つの文字や1つの数も単項式と考える。
2 次数を考えるときは，その項の係数(文字の前にある数)は気にせず，かけられている文字の個数だけ注目すればよい。

2 同類項をまとめる p.7

解答

1 (1) aと$4a$，$2b$と$6b$
(2) $3xy$と$-xy$，$-8z$と$5z$
(3) $2x^2$と$3x^2$，$-9x$と$-x$

2 (1) $8a+6b$ (2) $3x-5y$
(3) $-a-9b$ (4) $-4ab+14a$
(5) $3x^2+x$ (6) $-11a^2-7a+8$

解き方

1 (1) 文字の部分aが同じだから，aと$4a$は同類項。また，文字の部分bが同じだから，$2b$と$6b$も同類項。
(2) 文字の部分がxyの項と，文字の部分がzの項がある。
(3) 文字の部分がx^2の項と，文字の部分がxの項がある。

2 (1) $5a+4b+3a+2b=5a+3a+4b+2b$
$=(5+3)a+(4+2)b$
$=8a+6b$
(2) $4x+4y-x-9y=4x-x+4y-9y$
$=(4-1)x+(4-9)y$
$=3x-5y$
(3) $-8a-6b-3b+7a=-8a+7a-6b-3b$
$=-a-9b$
(4) $ab+9a-5ab+5a=ab-5ab+9a+5a$
$=-4ab+14a$
(5) $6x^2-4x+5x-3x^2=6x^2-3x^2-4x+5x$
$=3x^2+x$
(6) $-3a^2+2a+8-8a^2-9a$
$=-3a^2-8a^2+2a-9a+8$
$=-11a^2-7a+8$

ポイント

1 文字の部分が完全に同じものだけが同類項なので，xとxyは同類項ではなく，x^2とxも同類項ではない。
2 (5)の$3x^2$とxは同類項ではないので，これ以上はまとめられない。

2

解き方 練習問題の解き方や，途中の計算のしかたが書いてあります。できなかった問題は解き方を確認してもう1度チャレンジしましょう。

練習問題です。基本的に，例題と同じ解き方で解ける問題です。くり返し練習することで，解き方をしっかりと身につけることができます。

ポイント その回の重要な知識や補足などが載っています。あわせて確認しましょう。

もくじ

1章 式の計算

LEVEL

2章 連立方程式

LEVEL

3章 1次関数

LEVEL

4章 平行と合同

LEVEL

5章 三角形と四角形

LEVEL

6章 確率・データの活用

LEVEL

1 LEVEL ★☆☆☆☆ 単項式と多項式

学習日　月　日
解答 p.2

例題1 多項式(たこうしき)$5a^2-7a+8$の項(こう)を書きなさい。

解 単項式(たんこうしき)の和の形で書くと，$\underbrace{5a^2}_{単項式}+\underbrace{(-7a)}_{単項式}+\underbrace{8}_{単項式}$

単項式…数や文字の乗法だけでできている式
多項式…単項式の和の形で表された式

1つ1つの単項式が，多項式の項である。

項は，$5a^2$，$-7a$，8 …答

例題2 次の式は何次式(じしき)か。

(1) $6x^3$　(2) $4ab+9a+3b$

解 (1) $6x^3=6\times x\times x\times x$で，文字は3個
だから，この単項式の次数は3→**3次式** …答

(2) 各項の次数は，$4ab$，$9a$，$3b$

$3b$：文字1個→次数1
$9a$：文字1個→次数1
$4ab$：文字2個→次数2

だから，この多項式の次数は2→**2次式** …答

単項式の次数は，かけられている文字の個数

多項式の次数は，各項の次数のうちで最も大きいもの

1 次の多項式の項を書きなさい。

(1) $3x+2y$

(2) $-8a+b-4$

(3) $4x^2-15xy+y^2$

(4) $1.3a-ab-7c$

(5) $\frac{1}{2}p^2-6p+\frac{1}{4}$

2 次の式は何次式か。

(1) $-7a^2$

(2) $\frac{1}{4}x^3y^2$

(3) $3a^2+8a+6$

(4) $-5x+2y$

(5) $-xy^3-3xy-9y$

LEVEL ★★☆☆☆

2 同類項をまとめる

学習日 月 日
解答 p.2

例題1 多項式$2ab+3a+5ab-9a$の同類項(どうるいこう)を書きなさい。

解 それぞれの項の文字の部分に注目する。$2ab+3a+5ab+(-9a)$

文字ab 文字a

同類項は，$2ab$と$5ab$，$3a$と$-9a$ …答

文字の部分が同じ項が同類項

例題2 多項式$7x+5y+2x-3y$の同類項をまとめなさい。

解 $7x+5y+2x-3y=7x+2x+5y-3y$ 項を並べかえる。

$=(7+2)x+(5-3)y$ 同類項をまとめる。

$=9x+2y$ …答

分配法則 $ax+bx=(a+b)x$を使う

1 次の式の同類項を書きなさい。

(1) $a+2b+4a+6b$

(2) $3xy-8x+5x-xy$

(3) $2x^2-9x+4-x+3x^2$

(3) $-8a-6b-3b+7a$

(4) $ab+9a-5ab+5a$

2 次の式の同類項をまとめなさい。

(1) $5a+4b+3a+2b$

(2) $4x+4y-x-9y$

(5) $6x^2-4x+5x-3x^2$

(6) $-3a^2+2a+8-8a^2-9a$

LEVEL ★★★★★

3 多項式の加法

学習日　月　日
解答 p.3

例題1 次の計算をしなさい。

(1) $(3a+2b)+(4a-5b)$　(2) $\begin{array}{r} 2x+\ y \\ +)\ -3x+8y \\ \hline \end{array}$

解 (1) $(3a+2b)+(4a-5b)$

$=3a+2b+4a-5b$

$=3a+4a+2b-5b$

$=7a-3b$ …答

そのままかっこをはずし、同類項をまとめる。

(2) $\begin{array}{r} 2x+\ y \\ +)\ -3x+8y \\ \hline -x+9y \end{array}$ …答

$y+8y=9y$

$2x+(-3x)=-x$

上下の同類項を計算する。

例題2 右の2つの式の和を求めなさい。 $6x-7y$, $x+9y$

解 $(6x-7y)+(x+9y)=6x-7y+x+9y$

$=6x+x-7y+9y$

$=7x+2y$ …答

それぞれの式にかっこをつけ、記号＋でつないだ式をつくって計算する。

1 次の計算をしなさい。

(1) $(x+2y)+(7x+3y)$

(2) $(5a-4b)+(2a-5b)$

(3) $(3x-6y)+(-8x-5y)$

(4) $(9a^2+2a-1)+(3a^2-9a+7)$

(5) $\begin{array}{r} 4a+3b \\ +)\ \ a-2b \\ \hline \end{array}$

(6) $\begin{array}{r} 6x-5y+8 \\ +)\ -7x-5y+2 \\ \hline \end{array}$

2 次の2つの式の和を求めなさい。

(1) $7a-b$, $2a+7b$

(2) $-5x+4y-1$, $8+5x-y$

4 多項式の減法

学習日　月　日
解答 p.3

例題1 次の計算をしなさい。

(1) $(3a+2b)-(4a-5b)$　(2) $\begin{array}{r} 2x+\ \ y \\ -)\ -3x+8y \\ \hline \end{array}$

解 (1) $(3a+2b)-(4a-5b)$
$=3a+2b-4a+5b$
$=3a-4a+2b+5b$
$=-a+7b$ …答

かっこをはずすとき、ひくほうの式の符号を変える。

(2) $\begin{array}{r} 2x+\ \ y \\ -)\ -3x+8y \\ \hline 5x-7y \end{array}$ …答

$y-8y=-7y$
$2x-(-3x)=2x+3x=5x$

上下の同類項を計算する。

例題2 右の2つの式で，左の式から右の式をひいた差を求めなさい。　$9x-y$，$6x+7y$

解 $(9x-y)-(6x+7y)=9x-y-6x-7y$
$=9x-6x-y-7y$
$=3x-8y$ …答

それぞれの式にかっこをつけ、記号－でつないだ式をつくって計算する。
かっこをはずすときの符号に注意する。

1 次の計算をしなさい。

(1) $(9x+5y)-(4x+3y)$

(2) $(2a-7b)-(8a-b)$

(3) $(x-4y)-(-5x-8y)$

(4) $(3a^2+4a-9)-(2a^2-5a+6)$

(5) $\begin{array}{r} 5a+2b \\ -)\ \ a-2b \\ \hline \end{array}$

(6) $\begin{array}{r} 4x-5y\ \ \ \ \ \\ -)\ 8x-7y-2 \\ \hline \end{array}$

2 次の2つの式で，左の式から右の式をひいた差を求めなさい。

(1) $3a-2b$，$-2a+8b$

(2) $6x-4y+1$，$5x+10-4y$

5 LEVEL ★★★★★ 多項式の計算①

学習日　月　日
解答 p.4

例題 次の計算をしなさい。

(1) $2(3a-4b)$　(2) $(15x+6y)\div 3$

解 (1) 数を多項式の各項にかける。

$2(3a-4b)$
$=2\times 3a+2\times(-4b)$
$=6a-8b$ …答

$m(a+b)=ma+mb$

(2) 多項式の各項を数でわる。

$(15x+6y)\div 3$
$=\frac{15x}{3}+\frac{6y}{3}$
$=5x+2y$ …答

$(a+b)\div m=\frac{a}{m}+\frac{b}{m}$

（別解） $(15x+6y)\div 3$
$=(15x+6y)\times\frac{1}{3}$
$=15x\times\frac{1}{3}+6y\times\frac{1}{3}$
$=5x+2y$

1 次の計算をしなさい。

(1) $5(a+7b)$

(2) $-3(3x-8y)$

(3) $(-6a+5b)\times(-4)$

(4) $12\left(\frac{a}{3}-\frac{b}{4}\right)$

(5) $2(7x-y+9)$

(6) $(10a-5b+25)\times\frac{1}{5}$

2 次の計算をしなさい。

(1) $(-14x+6y)\div 2$

(2) $(40a-8b)\div(-8)$

(3) $(28x-16y+36)\div 4$

(4) $(3x+21y-1)\div\left(-\frac{1}{3}\right)$

6 LEVEL ★★★★★ 多項式の計算②

学習日 月 日
解答 p.4

例題 次の計算をしなさい。

(1) $4(3x+2y)+3(2x+y)$　　(2) $2(4x+y)-5(x-2y)$

解 かっこをはずしてから同類項をまとめる。

(1) $4(3x+2y)+3(2x+y)$
$=12x+8y+6x+3y$
$=12x+6x+8y+3y$
$=\mathbf{18x+11y}$ …答

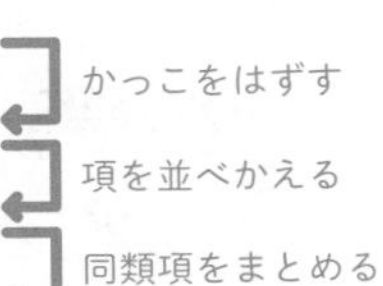

(2) $2(4x+y)-5(x-2y)$
$=8x+2y-5x+10y$
$=8x-5x+2y+10y$
$=\mathbf{3x+12y}$ …答

かっこをはずすときの符号に注意する。

1 次の計算をしなさい。

(1) $3(a-b)+2(a+b)$

(2) $2(2x+7y)+4(x-5y)$

(3) $6(2a-5b)+3(-4a+9b)$

(4) $-8(2x-y)+9(x-2y)$

(5) $7(x^2+3x-4)+5(2x+5)$

2 次の計算をしなさい。

(1) $2(5a+b)-3(a+2b)$

(2) $3(2x+y)-2(4x-7y)$

(3) $4(a-3b)-3(5a-b)$

(4) $5(4x^2+7x)-6(-3x^2+4x)$

(5) $3(3x-4y+9)-8(x-5y-1)$

7 LEVEL ★★★★★

多項式の計算③

学習日 月 日

解答 p.5

例題 次の計算をしなさい。

(1) $\frac{1}{2}(x+3y)+\frac{1}{6}(5x+y)$　(2) $\frac{5a-3b}{7}-\frac{a-b}{2}$

解 通分して計算する。

(1) $\frac{1}{2}(x+3y)+\frac{1}{6}(5x+y)$

$=\frac{1}{2}x+\frac{3}{2}y+\frac{5}{6}x+\frac{1}{6}y$　かっこをはずす

$=\frac{3}{6}x+\frac{9}{6}y+\frac{5}{6}x+\frac{1}{6}y$　通分する

$=\frac{8}{6}x+\frac{10}{6}y$　同類項をまとめる

$=\frac{4}{3}x+\frac{5}{3}y$ …答　約分する

(2) $\frac{5a-3b}{7}-\frac{a-b}{2}$

$=\frac{2(5a-3b)}{14}-\frac{7(a-b)}{14}$　通分する

$=\frac{2(5a-3b)-7(a-b)}{14}$　1つの分数にまとめる

$=\frac{10a-6b-7a+7b}{14}$　かっこをはずす

$=\frac{3a+b}{14}$ …答　同類項をまとめる

1 次の計算をしなさい。

(1) $\frac{1}{2}(x-y)+\frac{1}{3}(x+2y)$

(2) $\frac{1}{5}(2a+3b)+\frac{1}{2}(a-2b)$

(3) $\frac{1}{4}(x+2y)-\frac{1}{6}(x-y)$

2 次の計算をしなさい。

(1) $\frac{2x+y}{3}+\frac{3x-2y}{4}$

(2) $\frac{4a-b}{5}-\frac{a+b}{3}$

(3) $\frac{x-5y}{10}-\frac{x-3y}{6}$

8 LEVEL ★★★★★

単項式の乗法①

学習日　月　日

解答 p.5

例題 次の計算をしなさい。

(1) $6a\times(-3b)$ (2) $(-8xy)\times5y$

解 係数の積に文字の積をかける。

(1) $6a\times(-3b)$

$=6\times a\times(-3)\times b$

$=6\times(-3)\times a\times b$

$=-18ab$ …答

慣れたら暗算で計算してよい

(2) $(-8xy)\times5y$

$=(-8)\times x\times y\times5\times y$

$=(-8)\times5\times x\times y\times y$

$=-40xy^2$ …答

同じ文字の積は，指数を使って表す。

1 次の計算をしなさい。

(1) $7a\times2b$

(2) $3x\times(-9y)$

(3) $(-4b)\times8a$

(4) $(-5a)\times(-5bc)$

(5) $\frac{1}{2}x\times6y$

(6) $8a\times\left(-\frac{b}{24}\right)$

2 次の計算をしなさい。

(1) $3a\times6a$

(2) $(-2x)\times9xy$

(3) $5ab\times(-7ab)$

(4) $(-xy)\times(-11y)$

(5) $\frac{1}{3}a\times\left(-\frac{1}{4}a\right)$

(6) $\left(-\frac{5}{6}mn\right)\times\frac{4}{7}n$

9 LEVEL ★★☆☆☆ 単項式の乗法②

学習日　月　日　解答 p.6

例題 次の計算をしなさい。

(1) $(-4a)\times(-7a^2)$　(2) $(-7a)^2$

解 指数があるときは，指数が何にかかっているか注意する。

(1) $(-4a)\times(-7a^2)$　指数の2はaにかかっている。

$=(-4)\times a\times(-7)\times a\times a$

$=(-4)\times(-7)\times a\times a\times a$

$=28a^3$ …答

(2) $(-7a)^2$　指数の2は$(-7a)$にかかっている。

$=(-7a)\times(-7a)$

$=(-7)\times(-7)\times a\times a$

$=49a^2$ …答

1 次の計算をしなさい。

(1) $3a^2\times5a$

(2) $6x\times(-x^2)$

(3) $(-xy)\times9xy^2$

(4) $(-7a^2b)\times(-8a)$

(5) $a^3\times a^2$

(6) $\frac{4}{5}x^2\times\left(-\frac{5}{6}xy^2\right)$

2 次の計算をしなさい。

(1) $(-9x)^2$

(2) $(-2a)^3$

(3) $-(6x)^2$

(4) $(-a)^2\times5b$

(5) $(-x^2)\times(-3x)^2$

(6) $\left(-\frac{2}{7}x\right)^2$

10 LEVEL ★★★★★

単項式の除法①

学習日 月 日

解答 p.6

例題 次の計算をしなさい。

(1) $10ab\div2a$　(2) $27x^2\div(-9x)$

解 数の除法と同じように，分数の形で表してから約分する。

(1) $10ab\div2a$

$=\dfrac{10ab}{2a}$ ← 分数の形で表す　$A\div B=\dfrac{A}{B}$

$=\dfrac{\overset{5}{10}\times\overset{1}{a}\times b}{\underset{1}{2}\times\underset{1}{a}}$ ← 数は数どうし，文字は文字どうし約分する

$=5b$ …答

(2) $27x^2\div(-9x)$

$=-\dfrac{27x^2}{9x}$

$=-\dfrac{\overset{3}{27}\times\overset{1}{x}\times x}{\underset{1}{9}\times\underset{1}{x}}$

$=-3x$ …答

1 次の計算をしなさい。

(1) $6xy\div3x$

(2) $(-15ab)\div5b$

(3) $28abc\div(-28ab)$

(4) $(-8xy)\div(-32x)$

(5) $54ab\div(-6ab)$

2 次の計算をしなさい。

(1) $16a^2\div2a$

(2) $(-4x^2)\div x$

(3) $36x^2y\div(-4x)$

(4) $(-49ab^2)\div(-7b^2)$

(5) $(-6x^2y)\div(-18xy)$

11 LEVEL ★★★★★ 単項式の除法②

学習日　月　日
解答 p.7

例題 次の計算をしなさい。

(1) $\frac{ab}{10} \div \frac{b}{6}$　(2) $\frac{9}{4}xy^2 \div \frac{3}{8}xy$

解 わる式が分数のときは，わる式の逆数をかける乗法になおして計算する。

(1) $\frac{ab}{10} \div \frac{b}{6}$

$= \frac{ab}{10} \times \frac{6}{b}$ （乗法になおす）　$A \div B = A \times \frac{1}{B}$

$= \frac{a \times b \times 6}{10 \times b}$

$= \frac{3}{5}a$ …答

(2) $\frac{9}{4}xy^2 \div \frac{3}{8}xy$

$= \frac{9xy^2}{4} \div \frac{3xy}{8}$

$= \frac{9xy^2}{4} \times \frac{8}{3xy}$

$= \frac{9 \times x \times y \times y \times 8}{4 \times 3 \times x \times y}$

$= 6y$ …答

1 次の計算をしなさい。

(1) $\frac{xy}{21} \div \frac{y}{7}$

(2) $(-8ab) \div \frac{4}{9}a$

(3) $\frac{5}{12}xy \div \left(-\frac{10}{3}x\right)$

(4) $\left(-\frac{25}{4}ab\right) \div \left(-\frac{5}{8}ab\right)$

2 次の計算をしなさい。

(1) $\frac{1}{3}a^2b \div \frac{3}{4}a$

(2) $6x^2 \div \left(-\frac{6}{7}x\right)$

(3) $\left(-\frac{8}{3}ab^2\right) \div \frac{2}{15}ab$

(4) $\left(-\frac{5}{9}a^2\right) \div \left(-\frac{9}{5}a^2\right)$

12 LEVEL ★★★★★★ 単項式の乗法・除法

学習日　月　日
解答 p.7

例題 次の計算をしなさい。

(1) $ab \times a \div ab^2$　(2) $\frac{3}{5}x \div \left(-\frac{2}{15}y\right) \times (-4xy)$

解 単項式が3つ以上あるときは，すべて乗法になおして計算するとよい。

(1) $ab \times a \div ab^2$

$= ab \times a \times \frac{1}{ab^2}$

$= \frac{ab \times a}{ab^2}$

$= \frac{a \times b \times a}{a \times b \times b}$

$= \frac{a}{b}$ …答

$A \times B \div C = A \times B \times \frac{1}{C}$

$= \frac{AB}{C}$

(2) $\frac{3}{5}x \div \left(-\frac{2}{15}y\right) \times (-4xy)$

$= \frac{3x}{5} \div \left(-\frac{2y}{15}\right) \times (-4xy)$

$= \frac{3x}{5} \times \left(-\frac{15}{2y}\right) \times (-4xy)$

$= \frac{3x \times 15 \times 4xy}{5 \times 2y}$

$= \frac{3 \times x \times 15 \times 4 \times x \times y}{5 \times 2 \times y}$

$= 18x^2$ …答

1 次の計算をしなさい。

(1) $a^2b \div ab \times b$

(2) $20xy^2 \times (-3x) \div 12y$

(3) $48x^3 \div (-6x) \div (-2x)$

2 次の計算をしなさい。

(1) $2x \times 6xy \div \frac{4}{3}x^2$

(2) $\frac{1}{3}a \div (-3a^2b) \times 9ab^2$

(3) $(-4x)^2 \times \frac{5}{4}y \div (-2xy)$

13 式の値

LEVEL ★★★★★

学習日　月　日

解答 p.8

例題 $a=2$，$b=-3$のとき，次の式の値を求めなさい。

(1) $4(3a-2b)-5(2a-3b)$　(2) $(-27a^2b)\div(-9a)$

解 式を計算してから数を代入する。

(1) $4(3a-2b)-5(2a-3b)$

$=12a-8b-10a+15b$

$=2a+7b$

この式に$a=2$，$b=-3$を代入すると，

$2a+7b=2\times2+7\times(-3)$

$=4-21$

$=-17$ …答

(2) $(-27a^2b)\div(-9a)$

$=\dfrac{27a^2b}{9a}$

$=3ab$

この式に$a=2$，$b=-3$を代入すると，

$3ab=3\times2\times(-3)$

$=-18$ …答

1 $a=-4$，$b=3$のとき，次の式の値を求めなさい。

(1) $(4a-b)-(5a-2b)$

(2) $3(2a+5b)+2(-4b+a)$

(3) $6ab\times\left(-\dfrac{1}{3}b\right)$

(4) $2a^2b\div(-8ab)\times(-4b)$

2 $x=5$，$y=-\dfrac{1}{2}$のとき，次の式の値を求めなさい。

(1) $3x+7y-2x-9y$

(2) $8(5a-b)-6(5a-6b+2)$

(3) $\left(-\dfrac{4}{5}xy^2\right)\div\left(-\dfrac{2}{7}y\right)$

14 LEVEL ★★★★★ 文字式の利用①

学習日 月 日
解答 p.8

例題 4+5+6=15=3×5，21+22+23=66=3×22のように，連続する3つの整数の和は3の倍数になる。このことを，文字を使って説明しなさい。

解 手順にしたがって，次のように説明する。

〔説明〕 連続する3つの整数のうち，いちばん小さい数をnとすると，連続する3つの整数は，

n，$n+1$，$n+2$

と表される。この3つの整数の和は，

$n+(n+1)+(n+2)=3n+3$

$=3(n+1)$

$n+1$は整数だから，$3(n+1)$は3の倍数である。

したがって，連続する3つの整数の和は3の倍数になる。

説明の手順

❶ 文字を使って数量を表す
連続する整数 n，$n+1$，$n+2$，…

❷ 説明することがらを文字式で表し，変形する

❸ 変形した式の意味を説明する

❹ 結論を導く

1 連続する5つの整数の和は5の倍数になる。このことを，文字を使って次のように説明した。ア～ウにあてはまる式や数を答えなさい。

〔説明〕 連続する5つの整数のうち，いちばん小さい数をnとすると，連続する5つの整数は，

n，$n+1$，$n+2$，$n+3$，［ア］

と表される。この5つの整数の和は，

$n+(n+1)+(n+2)+(n+3)+($［ア］$)$

$=5n+$［イ］

$=5($［ウ］$)$

［ア］は整数だから，$5($［ウ］$)$は5の倍数である。したがって，連続する5つの整数の和は5の倍数になる。

ア＿＿＿＿＿ イ＿＿＿＿＿

ウ＿＿＿＿＿

2 右の図のように，整数が5つずつ並んでいる。このうち，4つを正方形で囲むと，4つの整数の和は4の倍数になる。
このことを，文字を使って次のように説明した。この説明を完成させなさい。

1	2	3	4	5
6	7	8	9	10
11	12	13	14	15
16	17	18	19	20
21	22	23	24	25
		⋮		

〔説明〕 4つの整数のうち，左上の数をnとすると，nの右，真下，右ななめ下の数は，

したがって，4つの整数の和は，4の倍数になる。

15 LEVEL ★★★★★ 文字式の利用②

学習日　月　日
解答 p.9

例題 **偶数**(ぐうすう)**と奇数**(きすう)**の和は奇数になる。このことを，文字を使って説明したい。**

(1) nを整数として，偶数を$2n$，奇数を$2n+1$と表すと，どのような偶数と奇数を表すことになるか。

(2) 偶数と奇数の和は奇数になることを，文字を使って説明しなさい。

解 (1) $2n$と$2n+1$は**連続する偶数と奇数**を表す。…答　　$2n+1$は$2n$より1大きい数

(2) 偶数と奇数を，それぞれちがう文字を使って表す。

〔説明〕 m，nを整数とする。偶数はmを使って$2m$と表され，奇数はnを使って$2n+1$と表される。　　偶数 $2m$　奇数 $2n+1$

この2つの数の和は，

$$2m+(2n+1)=2m+2n+1$$
$$=2(m+n)+1$$

$m+n$は整数だから，$2(m+n)+1$は奇数である。
したがって，偶数と奇数の和は奇数になる。

奇数であることをいうために，式を$2\times$(整数)$+1$の形に変形する

1 **奇数と奇数の和は偶数になる。このことを，文字を使って次のように説明した。[ア]～[ウ]にあてはまる数や式，ことばを答えなさい。**

〔説明〕 m，nを整数とする。2つの奇数は，それぞれm，nを使って，$2m+1$，$2n+1$と表される。
この2つの数の和は，

$(2m+1)+(2n+1)=2m+2n+$[ア]
$=2($[イ]$)$

[イ]は整数だから，
$2($[イ]$)$は[ウ]である。
したがって，奇数と奇数の和は偶数になる。

ア＿＿＿＿＿＿　イ＿＿＿＿＿＿
ウ＿＿＿＿＿＿

2 **連続する2つの奇数の和は，4の倍数になる。このことを，文字を使って次のように説明した。[ア]～[ウ]にあてはまる数や式を答えなさい。**

〔説明〕 nを整数とする。連続する2つの奇数のうち，小さいほうを$2n+1$とすると，
2つの奇数は，$2n+1$，[ア]
と表される。この2つの奇数の和は，

$(2n+1)+($[ア]$)=4n+$[イ]
$=4($[ウ]$)$

[ウ]は整数だから，$4($[ウ]$)$は4の倍数である。
したがって，連続する2つの奇数の和は，4の倍数になる。

ア＿＿＿＿＿＿　イ＿＿＿＿＿＿
ウ＿＿＿＿＿＿

16 LEVEL ★★★★★

文字式の利用③

学習日　月　日
解答 p.9

例題 **2けたの自然数と，その数の十の位の数と一の位の数を入れかえた数との和は，11の倍数になる。このことを，文字を使って説明しなさい。**

解 十の位の数と一の位の数をそれぞれ文字で表して，2けたの自然数を表す。

〔説明〕 2けたの自然数の十の位をx，一の位をyとすると，この数は$10x+y$と表される。また，十の位と一の位を入れかえた数は$10y+x$と表される。

2けたの自然数　$10x+y$

2つの数の和は，

$(10x+y)+(10y+x)=11x+11y$

$=11(x+y)$

11の倍数であることをいうために，式を11×(整数)の形に変形する

$x+y$は整数だから，$11(x+y)$は11の倍数である。
したがって，2けたの自然数と，その数の十の位の数と一の位の数を入れかえた数との和は，11の倍数になる。

1 **2けたの自然数と，その数の十の位の数と一の位の数を入れかえた数との差は，9の倍数になる。このことを，文字を使って次のように説明した。［ア］，［イ］にあてはまる式や数を答えなさい。**

〔説明〕 2けたの自然数の十の位をx，一の位をyとすると，この数は$10x+y$と表される。
また，十の位と一の位を入れかえた数は$10y+x$と表される。
2つの数の差は，

$(10x+y)-(10y+x)=9x-9y$

$=$［ア］

［イ］は整数だから，［ア］は9の倍数である。
したがって，2けたの自然数と，その数の十の位の数と一の位の数を入れかえた数との差は，9の倍数になる。

ア＿＿＿＿＿＿　イ＿＿＿＿＿＿

2 **2けたの自然数に，その数の一の位の数を4倍した数を加えると，5の倍数になる。このことを，文字を使って次のように説明した。この説明を完成させなさい。**

〔説明〕 2けたの自然数の十の位をa，一の位をbとすると，

（解答欄）

したがって，2けたの自然数に，その数の一の位の数を4倍した数を加えると，5の倍数になる。

17 LEVEL ★★★★★ 等式の変形①

学習日　月　日
解答 p.10

例題 次の等式を，〔　〕の中の文字について解きなさい。

(1)　$2x-6y=9$　〔x〕

(2)　$V=\frac{1}{3}Sh$　〔h〕

解 (1)　$2x-6y=9$
$2x=9+6y$　（$-6y$を移項する）
$x=\frac{9}{2}+3y$　…答　（両辺を2でわる）

$x=\frac{9+6y}{2}$ としてもよい。

(2)　$V=\frac{1}{3}Sh$
$\frac{1}{3}Sh=V$　（両辺を入れかえる）
$Sh=3V$　（両辺に3をかける）
$h=\frac{3V}{S}$　…答　（両辺をSでわる）

1 次の等式を，〔　〕の中の文字について解きなさい。

(1)　$5a+3b=27$　〔b〕

(2)　$8x-y=11$　〔y〕

(3)　$4x-y+24=0$　〔x〕

(4)　$\frac{1}{6}ab=5$　〔a〕

(5)　$4xy=28$　〔x〕

2 次の等式を，〔　〕の中の文字について解きなさい。

(1)　$V=\pi r^2h$　〔h〕

(2)　$y=2x+10$　〔x〕

(3)　$x=3(y-z)$　〔y〕

(4)　$m=\frac{p+q}{2}$　〔q〕

(5)　$c=\frac{3a+4b}{7}$　〔a〕

18 LEVEL ★★★★★

等式の変形②

学習日　月　日

解答 p.10

例題 **右の図のような2つの半円と長方形を組み合わせた形のトラックをつくる。半円部分の半径をrm，直線部分の長さをxm，1周の長さを400mとすると，**

$2x+2\pi r=400$　…㋐

という等式が成り立つ。

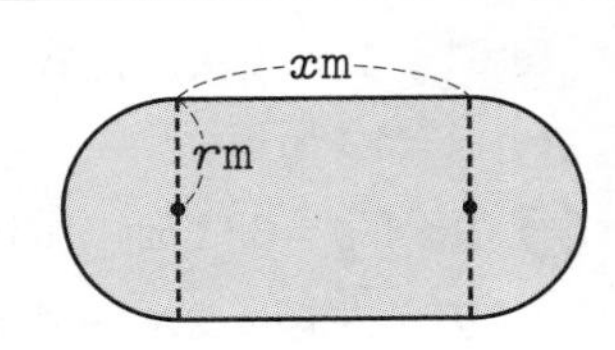

(1)　等式㋐をxについて解きなさい。

(2)　半円部分の半径を35mとすると，直線部分の長さは何mになるか求めなさい。

解 (1)　$2x+2\pi r=400$

$2x=400-2\pi r$　（$2\pi r$を移項する）

$x=200-\pi r$　…答　（両辺を2でわる）

(2)　(1)でxについて解いた式に，$r=35$を代入すると，

$x=200-35\pi$

したがって，直線部分の長さは$200-35\pi$(m)　…答

1 **右の図のような半円と二等辺三角形を組み合わせた形の図形がある。半円部分の半径を$r$cm，等しい2辺の長さを$a$cmとする。この図形の周の長さが38cmのとき，次の問いに答えなさい。**

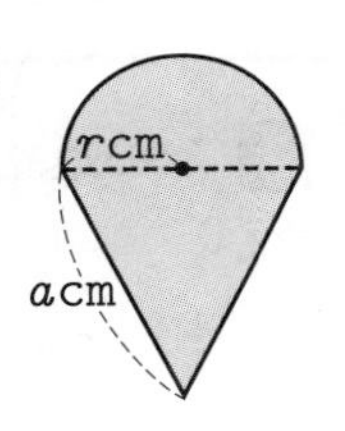

(1)　周の長さが38cmであることを表す式を，r，aを使ってつくりなさい。

(2)　(1)の式をaについて解きなさい。

(3)　$r=7$のとき，aの値を求めなさい。

2 **右の図のような，上底$a$cm，下底$b$cm，高さ$h$cmの台形の面積をScm²とする。**

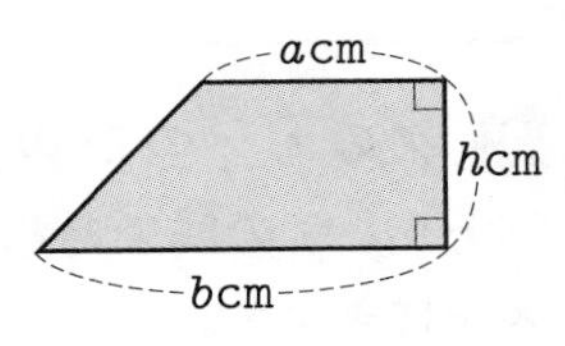

(1)　Sをa，b，hの式で表しなさい。

(2)　(1)の式をbについて解きなさい。

(3)　$S=32$，$a=6$，$h=4$のとき，bの値を求めなさい。

19 LEVEL ★★★★★ 連立方程式の解

学習日　月　日
解答 p.11

例題1 2元1次方程式$2x+y=6$の解を，次のア～ウからすべて選びなさい。

ア　$x=1$，$y=4$　　イ　$x=-4$，$y=2$　　ウ　$x=7$，$y=-8$

解　$2x+y=6$にx，yの値を代入して，方程式が成り立てば解である。

ア　左辺$=2\times1+4=6\to$○　　イ　左辺$=2\times(-4)+2=-6\to\times$

ウ　左辺$=2\times7+(-8)=6\to$○

よって，ア，ウ　…答

左辺が6になれば，方程式が成り立つ。

例題2 連立方程式$\begin{cases}2x+3y=5 & \cdots① \\ x+y=1 & \cdots②\end{cases}$の解を，次のア～ウから選びなさい。

ア　$x=1$，$y=1$　　イ　$x=-2$，$y=3$　　ウ　$x=3$，$y=-2$

解　①，②にそれぞれx，yの値を代入して，どちらの方程式も成り立つものが解である。

ア　①　左辺$=2\times1+3\times1=5\to$○，②　左辺$=1+1=2\to\times$

イ　①　左辺$=2\times(-2)+3\times3=5\to$○，②　左辺$=-2+3=1\to$○

ウ　①　左辺$=2\times3+3\times(-2)=0\to\times$，②　左辺$=3+(-2)=1\to$○

よって，イ　…答

①は左辺が5，②は左辺が1になれば，方程式が成り立つ。

1 次のx，yの値の組が，2元1次方程式$3x-4y=7$の解であれば○，そうでなければ×を書きなさい。

(1)　$x=5$，$y=2$

(2)　$x=9$，$y=5$

(3)　$x=-1$，$y=1$

(4)　$x=-3$，$y=-4$

2 次の連立方程式の解を，ア～ウから選びなさい。

(1)　$\begin{cases}3x+y=1 \\ x-y=-5\end{cases}$

ア　$x=2$，$y=-5$

イ　$x=-2$，$y=7$

ウ　$x=-1$，$y=4$

(2)　$\begin{cases}x-4y=18 \\ 5x+6y=12\end{cases}$

ア　$x=0$，$y=2$

イ　$x=6$，$y=-3$

ウ　$x=-2$，$y=-5$

LEVEL ★★☆☆☆

20 加減法①

学習日　月　日
解答 p.11

例題 次の連立方程式を解きなさい。

(1) $\begin{cases} x+3y=9 & \cdots① \\ x-y=1 & \cdots② \end{cases}$

(2) $\begin{cases} 2x+y=2 & \cdots① \\ 4x-y=-8 & \cdots② \end{cases}$

解 2つの式をたしたりひいたりして，1つの文字を消去する。

(1)
$$\begin{array}{rr} ① & x+3y=9 \\ ② & -)\ x-\ \ y=1 \\ \hline & 4y=8 \\ & y=2 \end{array}$$

①と②にxがあるので，左辺どうし，右辺どうしをひいて，xを消去する。

$y=2$を②に代入すると，

$x-2=1$

$x=3$

①に代入してもよい。計算が簡単なほうに代入する。

よって，$x=3$，$y=2$ …答

(2)
$$\begin{array}{rr} ① & 2x+y=\ \ 2 \\ ② & +)\ 4x-y=-8 \\ \hline & 6x\qquad=-6 \\ & x=-1 \end{array}$$

①にy，②に$-y$があるので，左辺どうし，右辺どうしをたして，yを消去する。

$x=-1$を①に代入すると，

$2\times(-1)+y=2$

$y=4$

よって，$x=-1$，$y=4$ …答

1 次の連立方程式を解きなさい。

(1) $\begin{cases} x+5y=-2 \\ x+2y=4 \end{cases}$

(2) $\begin{cases} 3x-y=4 \\ 8x-y=-1 \end{cases}$

2 次の連立方程式を解きなさい。

(1) $\begin{cases} 2x-y=6 \\ x+y=9 \end{cases}$

(2) $\begin{cases} 4x-3y=17 \\ -4x+5y=-23 \end{cases}$

21 LEVEL ★★★★★

加減法②

学習日 月 日

解答 p.12

例題 次の連立方程式を解きなさい。

(1) $\begin{cases} 3x+y=3 & \cdots① \\ 7x+2y=5 & \cdots② \end{cases}$

(2) $\begin{cases} 3x-8y=-1 & \cdots① \\ -x+3y=1 & \cdots② \end{cases}$

解 どちらかの式を何倍かして，xかyの係数の絶対値をそろえる。

(1)

$$\begin{array}{lrl} ①\times2 & 6x+2y & =6 \\ ② & -)\ 7x+2y & =5 \\ \hline & -x \quad\quad & =1 \\ & x & =-1 \end{array}$$

①の両辺を2倍して，yの係数を②とそろえる。

$x=-1$を①に代入すると，

$3\times(-1)+y=3$

$y=6$

よって，$x=-1$，$y=6$ …答

(2)

$$\begin{array}{lrl} ① & 3x-8y & =-1 \\ ②\times3 & +)\ -3x+9y & =\ \ 3 \\ \hline & y & =\ \ 2 \end{array}$$

②の両辺を3倍して，xの係数の絶対値を①とそろえる。

$y=2$を②に代入すると，

$-x+3\times2=1$

$-x=-5$

$x=5$

よって，$x=5$，$y=2$ …答

1 次の連立方程式を解きなさい。

(1) $\begin{cases} 2x+5y=-4 \\ x-2y=7 \end{cases}$

(2) $\begin{cases} 3x-y=-5 \\ 2x-3y=6 \end{cases}$

2 次の連立方程式を解きなさい。

(1) $\begin{cases} 3x-y=-10 \\ 8x+5y=4 \end{cases}$

(2) $\begin{cases} -8x+7y=1 \\ 4x-5y=-11 \end{cases}$

22 加減法③

学習日　　月　　日
解答 p.12

例題 次の連立方程式を解きなさい。

(1) $\begin{cases} 4x+7y=9 & \cdots① \\ 3x+5y=6 & \cdots② \end{cases}$

(2) $\begin{cases} 5x-3y=22 & \cdots① \\ 8x+5y=-4 & \cdots② \end{cases}$

解 両方の式を何倍かして，xかyの係数の絶対値をそろえる。

(1) ①×3　$12x+21y=27$
②×4　$-)\ 12x+20y=24$
$y=3$

$y=3$を①に代入すると，

$4x+7\times3=9$

$4x=-12$

$x=-3$

よって，$x=-3$，$y=3$ …答

(2) ①×5　$25x-15y=110$
②×3　$+)\ 24x+15y=-12$
$49x=98$
$x=2$

$x=2$を②に代入すると，

$8\times2+5y=-4$

$5y=-20$

$y=-4$

よって，$x=2$，$y=-4$ …答

1 次の連立方程式を解きなさい。

(1) $\begin{cases} 3x-4y=5 \\ 2x-3y=4 \end{cases}$

(2) $\begin{cases} -5x+4y=5 \\ -9x+5y=-2 \end{cases}$

2 次の連立方程式を解きなさい。

(1) $\begin{cases} 2x+7y=1 \\ -5x+8y=23 \end{cases}$

(2) $\begin{cases} 9x+4y=10 \\ 7x-6y=26 \end{cases}$

LEVEL ★★★★★

23 代入法①

学習日　　月　　日

解答 p.13

例題 次の連立方程式を解きなさい。

(1) $\begin{cases} x=3y-4 & \cdots① \\ 2x+y=-1 & \cdots② \end{cases}$　　(2) $\begin{cases} y=5x+7 & \cdots① \\ y=3x+3 & \cdots② \end{cases}$

解 「$x=\sim$」や「$y=\sim$」の形の式があるときは，代入法(だいにゅうほう)を使うとよい。

(1) ①を②に代入すると，

$2(3y-4)+y=-1$

$6y-8+y=-1$

$7y=7$

$y=1$

$y=1$ を①に代入すると，

$x=3\times1-4=-1$

よって，$x=-1$，$y=1$ …答

① $x=3y-4$
② $2x+y=-1$

(2) ①を②に代入すると，

$5x+7=3x+3$

$2x=-4$

$x=-2$

$x=-2$ を②に代入すると，

$y=3\times(-2)+3=-3$

よって，$x=-2$，$y=-3$ …答

① $y=5x+7$
② $y=3x+3$

1 次の連立方程式を解きなさい。

(1) $\begin{cases} 8x-3y=6 \\ y=2x \end{cases}$

(2) $\begin{cases} -2x+y=10 \\ x=-5y+6 \end{cases}$

2 次の連立方程式を解きなさい。

(1) $\begin{cases} y=x-5 \\ y=-2x+1 \end{cases}$

(2) $\begin{cases} 7x-2y=3 \\ 2y=x-9 \end{cases}$

24 代入法②

学習日　月　日
解答 p.13

例題 連立方程式 $\begin{cases} x+y=9 & \cdots① \\ 2x-3y=3 & \cdots② \end{cases}$ を代入法で解きなさい。

解 ①を変形して $x=\sim$，または $y=\sim$ の形の式をつくり，②に代入する。

①を x について解くと，$x=9-y$　…①′

①′を②に代入すると，$2(9-y)-3y=3$

$$18-2y-3y=3$$
$$-5y=-15$$
$$y=3$$

$y=3$ を①′に代入すると，$x=9-3=6$

よって，$x=6$，$y=3$　…答

（別解）

①を y について解くと，$y=9-x$　…①″

①″を②に代入すると，$2x-3(9-x)=3$

$$2x-27+3x=3$$
$$5x=30$$
$$x=6$$

$x=6$ を①″に代入すると，$y=9-6=3$

1 次の連立方程式を代入法で解きなさい。

(1) $\begin{cases} x-y=4 \\ 3x+4y=5 \end{cases}$

(2) $\begin{cases} 5x-2y=2 \\ y-x=2 \end{cases}$

2 次の連立方程式を代入法で解きなさい。

(1) $\begin{cases} 3x-2y=-16 \\ x+y=3 \end{cases}$

(2) $\begin{cases} 2x+y=9 \\ x-3y=8 \end{cases}$

25 LEVEL ★★★★★ いろいろな連立方程式①

学習日　月　日
解答 p.14

例題 連立方程式 $\begin{cases} 4x+y=7 & \cdots ① \\ 3(x-1)+2y=1 & \cdots ② \end{cases}$ を解きなさい。

解 ②から，$3x-3+2y=1$

$3x+2y=4$ …②′

②のかっこをはずし，移項して整理する

①×2　$8x+2y=14$
②′　$-)\ 3x+2y=4$
$5x=10$
$x=2$

①と②′から，加減法（かげんほう）で y を消去する

$x=2$ を①に代入すると，$4\times2+y=7$　$y=-1$

よって，$x=2$，$y=-1$ …㊟

1 次の連立方程式を解きなさい。

(1) $\begin{cases} 4(x+y)=3x-2 \\ x-6y=18 \end{cases}$

(2) $\begin{cases} 2x-y=5 \\ y=3(2x-1)+2 \end{cases}$

2 次の連立方程式を解きなさい。

(1) $\begin{cases} 5(x-2y)=-2(y+2) \\ 7x-4y=16 \end{cases}$

(2) $\begin{cases} 4(1-x)-3y=6 \\ 6(x+y)=1-x \end{cases}$

26 LEVEL ★★★★★

いろいろな連立方程式②

学習日　月　日
解答 p.14

例題 次の連立方程式を解きなさい。

(1) $\begin{cases} x+2y=6 & \cdots ① \\ \frac{1}{2}x+\frac{3}{4}y=2 & \cdots ② \end{cases}$

(2) $\begin{cases} 0.3x+0.1y=0.4 & \cdots ① \\ 8x+3y=9 & \cdots ② \end{cases}$

解 分数や小数をふくむときは，式の両辺を何倍かして係数がすべて整数になるようにする。

(1) ②×4より，$2x+3y=8$ …②′

右辺の2も忘れずに4倍する。

①×2　$2x+4y=12$
②′　$-)\ 2x+3y=8$
$y=4$

$y=4$を①に代入すると，

$x+2\times4=6$　$x=-2$

よって，$x=-2$，$y=4$ …答

(2) ①×10より，$3x+y=4$ …①′

①′×3　$9x+3y=12$
②　$-)\ 8x+3y=9$
$x=3$

$x=3$を①′に代入すると，

$3\times3+y=4$　$y=-5$

よって，$x=3$，$y=-5$ …答

1 次の連立方程式を解きなさい。

(1) $\begin{cases} \frac{2}{3}x+\frac{1}{2}y=1 \\ y=2x-8 \end{cases}$

(2) $\begin{cases} -3x+2y=-8 \\ \frac{1}{4}x-\frac{2}{5}y=3 \end{cases}$

2 次の連立方程式を解きなさい。

(1) $\begin{cases} x+2y=7 \\ 0.4x-0.3y=0.6 \end{cases}$

(2) $\begin{cases} 0.1x-0.2y=1 \\ y=-3x+2 \end{cases}$

LEVEL ★★★★★

27 いろいろな連立方程式③

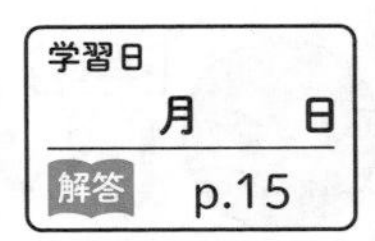

例題 連立方程式 $\begin{cases} \dfrac{x}{5}-\dfrac{y}{4}=1 & \cdots① \\ -0.8x+1.5y=-8 & \cdots② \end{cases}$ を解きなさい。

解 ①×20より，$4x-5y=20$ …①′
②×10より，$-8x+15y=-80$ …②′

①，②の両辺をそれぞれ整数倍して，係数がすべて整数になるようにする。

$$\begin{array}{lrl} ①'\times 2 & 8x-10y= & 40 \\ ②' & +)\ -8x+15y= & -80 \\ \hline & 5y= & -40 \\ & y= & -8 \end{array}$$

①′と②′から，加減法でxを消去する。

$y=-8$を①′に代入すると，$4x-5\times(-8)=20$　$4x=-20$　$x=-5$

よって，$x=-5$，$y=-8$ …(答)

1 次の連立方程式を解きなさい。

(1) $\begin{cases} \dfrac{x}{2}+\dfrac{y}{3}=2 \\ 0.3x-0.4y=3 \end{cases}$

(2) $\begin{cases} -0.2x+0.1y=1 \\ \dfrac{1}{3}x-\dfrac{3}{4}y=3 \end{cases}$

2 次の連立方程式を解きなさい。

(1) $\begin{cases} x+y=13 \\ \dfrac{7}{100}x+\dfrac{8}{100}y=1 \end{cases}$

(2) $\begin{cases} 0.4x+0.09y=3 \\ -5x+2y=25 \end{cases}$

LEVEL ★★★☆☆

28 いろいろな連立方程式④

学習日　月　日　解答 p.15

例題 連立方程式 $2x+y=x-3y=7$ を解きなさい。

解 $\begin{cases} 2x+y=7 & \cdots① \\ x-3y=7 & \cdots② \end{cases}$ を解く。

$A=B=C \rightarrow \begin{cases} A=C \\ B=C \end{cases}$

$$\begin{array}{lrl} ① & 2x+y= & 7 \\ ②\times2 & -)\ 2x-6y= & 14 \\ \hline & 7y= & -7 \\ & y= & -1 \end{array}$$

$A=B=C$の形の連立方程式
$\begin{cases} A=B \\ A=C \end{cases}$ $\begin{cases} A=B \\ B=C \end{cases}$ $\begin{cases} A=C \\ B=C \end{cases}$
のいずれかの形になおして解く。

$y=-1$ を②に代入すると，

$x-3\times(-1)=7$

$x=4$

よって，$x=4$，$y=-1$ …㊣

（別解）

$\begin{cases} 2x+y=x-3y & \cdots① \\ x-3y=7 & \cdots② \end{cases}$ を解く。

①から，$x+4y=0$ …①′

$$\begin{array}{lrl} ①' & x+4y= & 0 \\ ② & -)\ x-3y= & 7 \\ \hline & 7y= & -7 \\ & y= & -1 \end{array}$$

$y=-1$ を②に代入すると，

$x-3\times(-1)=7$

$x=4$

1 次の連立方程式を解きなさい。

(1) $7x+2y=x-y=3$

(2) $x+2y=4x+9y-6=1$

2 次の連立方程式を解きなさい。

(1) $2x+y=5x+3y=-x+2y-9$

(2) $3x-2y=3y+23=4x+18$

2章 連立方程式

29 LEVEL ★★★★★ 連立方程式の利用①

学習日　月　日
解答 p.16

例題 1個120円のりんごと，1個80円のみかんをあわせて20個買ったところ，代金は1800円だった。りんごとみかんを買った個数を，それぞれ求めなさい。

解 求めるものが2つあるので，連立方程式を使う。
りんごをx個，みかんをy個買ったとすると，
個数の関係　$\underbrace{(りんごの個数)}_{x}+\underbrace{(みかんの個数)}_{y}=20$　…①
代金の関係　$\underbrace{(りんごの代金)}_{120\times x}+\underbrace{(みかんの代金)}_{80\times y}=1800$　…②

$$\begin{cases} x+y=20 & \cdots① \\ 120x+80y=1800 & \cdots② \end{cases}$$

①×80　$80x+80y=1600$
②　$-)\ 120x+80y=1800$
　　$-40x=-200$
　　$x=5$

$x=5$を①に代入すると，$5+y=20$　$y=15$
この解は問題にあっている。
りんご5個，みかん15個 …答

連立方程式を使って問題を解く手順
- ❶ 何を文字で表すかを決める
- ❷ 数量の関係を2つ見つける
- ❸ 連立方程式をつくって，解く
- ❹ 方程式の解が問題にあっているかどうか確かめる

1 1個300円のプリンと，1個250円のゼリーをあわせて12個買ったところ，代金は3200円だった。

(1) プリンをx個，ゼリーをy個買ったとして，次のような連立方程式をつくった。ア，イにあてはまる数や式を求めなさい。

$$\begin{cases} x+y=\boxed{ア} \\ \boxed{イ}=3200 \end{cases}$$

ア＿＿＿＿　イ＿＿＿＿

(2) プリンとゼリーを買った個数を，それぞれ求めなさい。

プリン＿＿＿＿　ゼリー＿＿＿＿

2 貯金箱の中に，500円硬貨と100円硬貨があわせて15枚入っていて，その金額の合計は2700円だった。

(1) 500円硬貨をx枚，100円硬貨をy枚として，連立方程式をつくりなさい。

＿＿＿＿＿＿＿＿

(2) 500円硬貨と100円硬貨の枚数を，それぞれ求めなさい。

500円硬貨＿＿＿＿　100円硬貨＿＿＿＿

30 LEVEL ★★★★★

連立方程式の利用②

学習日 月 日

解答 p.16

例題 **ある博物館の入館料は，中学生４人とおとな２人では3000円，中学生７人とおとな４人では5600円である。中学生１人，おとな１人の入館料を，それぞれ求めなさい。**

解 中学生１人の入館料をx円，おとな１人の入館料をy円とすると，

２通りの入館料から，(中学生４人の入館料)＋(おとな２人の入館料)＝3000 …①
　　　　　　　　　　$x \times 4$　　　　　　　$y \times 2$

(中学生７人の入館料)＋(おとな４人の入館料)＝5600 …②
$x \times 7$　　　　　　　$y \times 4$

$$\begin{cases} 4x+2y=3000 & \cdots ① \\ 7x+4y=5600 & \cdots ② \end{cases}$$

①×2　$8x+4y=6000$
②　$-)\ 7x+4y=5600$
　　$x \qquad = 400$

$x=400$を①に代入すると，$4\times400+2y=3000$　$2y=1400$　$y=700$

この解は問題にあっている。

中学生400円，おとな700円 …答

1 **ある植物園の入園料は，中学生５人とおとな４人では3500円，中学生10人とおとな３人では4500円である。**

(1) 中学生１人の入園料をx円，おとな１人の入園料をy円として，次のような連立方程式をつくった。**ア**，**イ**にあてはまる数や式を求めなさい。

$$\begin{cases} 5x+4y=\boxed{ア} \\ \boxed{イ}=4500 \end{cases}$$

ア＿＿＿＿＿　**イ**＿＿＿＿＿

(2) 中学生１人，おとな１人の入園料を，それぞれ求めなさい。

中学生＿＿＿＿＿　おとな＿＿＿＿＿

2 **ケーキ３個とマフィン４個を買うと，代金は2200円である。また，ケーキ１個の値段は，マフィン１個の値段の２倍より100円安い。**

(1) ケーキ１個の値段をx円，マフィン１個の値段をy円として，連立方程式をつくりなさい。

＿＿＿＿＿＿＿＿＿＿

(2) ケーキ１個，マフィン１個の値段を，それぞれ求めなさい。

ケーキ＿＿＿＿＿　マフィン＿＿＿＿＿

LEVEL ★★★★★

31 連立方程式の利用③

学習日　月　日

解答 p.17

例題 家から駅まで2100mの道のりを，はじめ分速90mで走り，途中から分速60mで歩いたところ，全体で30分かかった。走った道のりと歩いた道のりを，それぞれ求めなさい。

解 走った道のりをxm，歩いた道のりをymとする。

$$\begin{cases} x+y=2100 & \cdots ① \\ \dfrac{x}{90}+\dfrac{y}{60}=30 & \cdots ② \end{cases}$$

道のりの関係（①）　時間の関係（②）

走った道のり　2100m　歩いた道のり
家　xm　ym　駅
分速90m→　分速60m→
$\frac{x}{90}$分　$\frac{y}{60}$分
走った時間　30分　歩いた時間

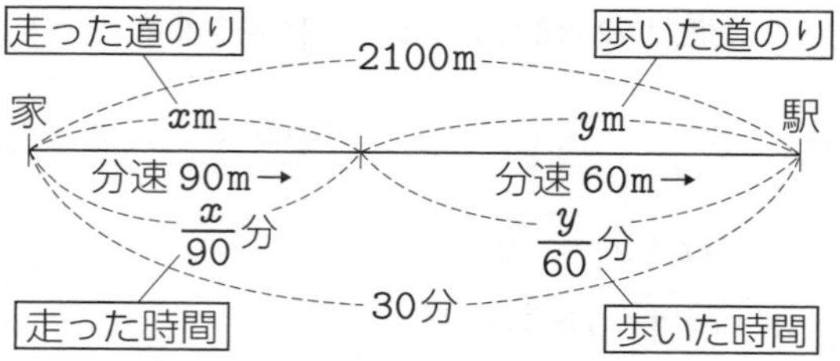

②×180　$2x+3y=5400$
①×2　$-)\ 2x+2y=4200$
$y=1200$

$y=1200$を①に代入すると，$x+1200=2100$　$x=900$
この解は問題にあっている。

走った道のり900m，歩いた道のり1200m　…答

時間＝$\dfrac{道のり}{速さ}$

1 A地点から80kmはなれたB地点までサイクリングで行った。A地点から途中のP地点までは時速20kmで走り，P地点からB地点までは時速15kmで走ったところ，全体で5時間かかった。

(1) A地点からP地点までの道のりを$x$km，P地点からB地点までの道のりを$y$kmとして，連立方程式をつくりなさい。

(2) A地点からP地点までの道のりと，P地点からB地点までの道のりを，それぞれ求めなさい。

A地点～P地点 ＿＿＿＿＿＿

P地点～B地点 ＿＿＿＿＿＿

2 家を午前8時に出発して，1800mはなれた学校に向かった。はじめは分速70mで歩き，途中から分速100mで走ったところ，午前8時21分に学校に着いた。

(1) 歩いた時間をx分，走った時間をy分として，連立方程式をつくりなさい。

(2) 歩いた時間と走った時間を，それぞれ求めなさい。

歩いた時間 ＿＿＿＿＿＿

走った時間 ＿＿＿＿＿＿

LEVEL ★★★★★

32 連立方程式の利用④

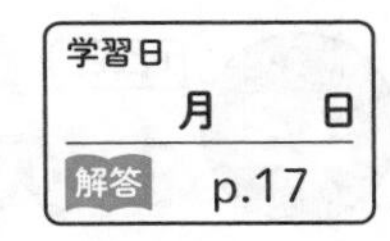

例題 **ある中学校の1年生と2年生の生徒数は270人である。1年生の25％と2年生の20％が夏のキャンプに参加する予定で，その人数は61人である。この中学校の1年生と2年生の生徒数を，それぞれ求めなさい。**

解 1年生の生徒数をx人，2年生の生徒数をy人とする。

$$\begin{cases} x+y=270 & \cdots① \\ \frac{25}{100}x+\frac{20}{100}y=61 & \cdots② \end{cases}$$

①：全体の生徒数　②：キャンプの参加者数

	1年生	2年生	合計
全体の生徒数(人)	x	y	270
キャンプの参加者数(人)	$\frac{25}{100}x$	$\frac{20}{100}y$	61

$a\% \to \frac{a}{100}$

②×100　$25x+20y=6100$
①×20　$-)\ 20x+20y=5400$
$5x=700$
$x=140$

$x=140$を①に代入すると，$140+y=270$　$y=130$

この解は問題にあっている。**1年生140人，2年生130人**　…答

1 **あるイベントの昨日の入場者数は，おとなと子どもをあわせて800人だった。今日は雨が降り，昨日とくらべて，おとなが80%，子どもは70%で，あわせて585人だった。**

(1) 昨日のおとなの入場者数をx人，子どもの入場者数をy人として，連立方程式をつくりなさい。

＿＿＿＿＿＿＿＿

(2) 昨日のおとなと子どもの入場者数を，それぞれ求めなさい。

おとな＿＿＿＿　子ども＿＿＿＿

2 **ある店で，バッグとスカーフを買った。定価で買うと合計で5500円だが，バーゲンでバックが20%引き，スカーフが15%引きだったので，代金は合計で4500円だった。バッグの定価をx円，スカーフの定価をy円として，次の問いに答えなさい。**

(1) バッグの代金と，スカーフの代金を，それぞれx，yを使った式で表しなさい。

バッグ＿＿＿＿　スカーフ＿＿＿＿

(2) バッグとスカーフの定価を，それぞれ求めなさい。

バッグ＿＿＿＿　スカーフ＿＿＿＿

33 LEVEL ★★★★★

1次関数

例題1 7Lの水が入った水そうに，1分間に2Lの割合で水を入れていく。水を入れ始めてからx分後の水そうの水の量をyLとすると，xとyの関係は$y=2x+7$という式で表される。このとき，yはxの1次関数（じかんすう）であるといえるか。

解 いえる。…答　yがxの1次式で表されているから。

例題2 次のア～エから，yがxの1次関数であるものをすべて選びなさい。

ア $y=9x-1$　イ $y=10-4x$　ウ $y=-5x$　エ $y=\frac{6}{x}$

解 yがxの1次関数のとき，式は$y=ax+b$（a，bは定数）の形で表される。

ア $y=ax+b$で，$a=9$，$b=-1$の場合だから，1次関数である。

イ $y=-4x+10$と変形できる。$a=-4$，$b=10$の1次関数である。

ウ $a=-5$，$b=0$と考えることができる。　比例は1次関数の特別な場合である。

エ $y=ax+b$の形にならない。　反比例は1次関数ではない。

よって，1次関数は，ア，イ，ウ　…答

1次関数の式
$y=ax+b$
xに比例する部分（ax）　定数の部分（b）

1 8Lの水が入った水そうに，毎分3Lの割合で水を入れていく。水を入れ始めてからx分後の水そうの水の量をyLとする。

(1) xとyの関係を表した下の表の，あいているところをうめなさい。

x	0	1	2	3	4
y	8	11			

(2) yをxの式で表しなさい。

______

(3) yはxの関数であるといえるか。

______

(4) yはxの1次関数であるといえるか。

______

2 次の式について，yがxの1次関数であるものに○，そうでないものに×を〔　〕に書きなさい。また，1次関数であるものは，xに比例する部分も書きなさい。

(1) $y=-8x+9$

〔　〕 xに比例する部分 ______

(2) $y=2+5x$

〔　〕 xに比例する部分 ______

(3) $y=\frac{10}{x}$

〔　〕 xに比例する部分 ______

(4) $y=\frac{1}{7}x$

〔　〕 xに比例する部分 ______

34 LEVEL ★★★★★ 身のまわりの1次関数

学習日 月 日

解答 p.18

例題 **長さが14cmの線香があり，火をつけると1分間に0.4cmずつ短くなる。このとき，火をつけてからx分後の線香の長さを$y$cmとする。**

(1) yはxの1次関数であるといえるか。

(2) 火をつけてから20分後の線香の長さは何cmか。

(3) 線香が燃えつきるのは，火をつけてから何分後か。

解 yをxの式で表すと，$y=14-0.4x$ （線香の長さ）=（はじめの長さ）−（燃えた長さ）

(1) 式を変形すると，$y=-0.4x+14$ 　$y=ax+b$の形で表される。

だから，1次関数であると**いえる。** …答

(2) $y=-0.4\times20+14=-8+14=6$ 　$y=-0.4x+14$に$x=20$を代入する。

よって，6cm …答

(3) $0=-0.4x+14$ 　$0.4x=14$ 　$x=35$ 　$y=-0.4x+14$に$y=0$を代入する。

よって，35分後 …答

1 **長さが9cmのばねがあり，おもりをつるすと1gにつき0.1cmのびる。このばねにxgのおもりをつるしたときのばねの長さを$y$cmとする。**

(1) yをxの式で表しなさい。

(2) yはxの1次関数であるといえるか。

(3) 20gのおもりをつるしたときのばねの長さは何cmか。

(4) ばねの長さが12cmとなるのは，何gのおもりをつるしたときか。

2 **次の(1)〜(4)で，yがxの1次関数であるものに○，そうでないものに×を書きなさい。**

(1) 2000mLのジュースをx個のコップに等分するときの1個分の量ymL

(2) 300gの塩のうちxgを使ったときの残りの量yg

(3) 半径xmの円形の土地の面積$y\text{m}^2$

(4) 分速80mでx分間歩くときの進む道のりym

35 LEVEL ★★★★★ 変化の割合

学習日　　月　　日
解答 p.19

例題1 次の1次関数の変化(へんか)の割合(わりあい)を書きなさい。

(1)　$y=4x-5$　　(2)　$y=-2x+9$

解　1次関数 $y=ax+b$ の変化の割合は一定で，a に等しい。

(1)　$y=4x-5$ の変化の割合は4　…答

(2)　$y=-2x+9$ の変化の割合は -2　…答

$y=ax+b$ の変化の割合

変化の割合$=\dfrac{y\text{の増加量}}{x\text{の増加量}}=a$

例題2 例題1の1次関数で，x の増加量が3のときの y の増加量をそれぞれ求めなさい。

解　変化の割合を求める式を変形して，y の増加量を求める。

yの増加量$=a\times$(xの増加量)

(1)　$4\times3=12$　…答　　(2)　$-2\times3=-6$　…答

1 1次関数 $y=5x+2$ で，x の値が1から3まで変わるとき，次の問いに答えなさい。

(1)　x の増加量を求めなさい。

(2)　y の増加量を求めなさい。

(3)　変化の割合$=\dfrac{y\text{の増加量}}{x\text{の増加量}}$の式を使って，変化の割合を求めなさい。

2 次の1次関数の変化の割合を書きなさい。

(1)　$y=3x-8$

(2)　$y=-7x+4$

(3)　$y=x+6$

(4)　$y=-\dfrac{3}{5}x-1$

3 次の1次関数で，x の増加量が4のときの y の増加量を求めなさい。

(1)　$y=2x-3$

(2)　$y=-3x+7$

(3)　$y=\dfrac{1}{4}x+4$

36 LEVEL ★★☆☆☆ 1次関数以外の変化の割合

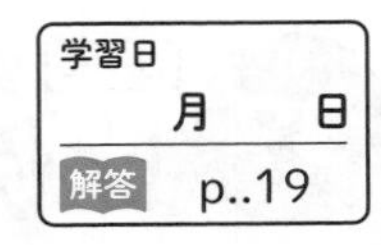

例題 反比例の関係 $y=\frac{12}{x}$ で，xの値が次のように変わるときの変化の割合を求めなさい。

(1)　1から4まで　　(2)　3から6まで

解 変化の割合を求める式にあてはめる。

変化の割合 $=\frac{y\text{の増加量}}{x\text{の増加量}}$

(1)　$x=1$のとき，$y=\frac{12}{1}=12$

$x=4$のとき，$y=\frac{12}{4}=3$

変化の割合は，$\frac{3-12}{4-1}=-3$　…答

(2)　$x=3$のとき，$y=\frac{12}{3}=4$

$x=6$のとき，$y=\frac{12}{6}=2$

変化の割合は，$\frac{2-4}{6-3}=-\frac{2}{3}$　…答

反比例では，変化の割合は一定ではない。

1 反比例の関係 $y=\frac{18}{x}$ で，xの値が次のように変わるときの変化の割合を求めなさい。

(1)　1から2まで

(2)　2から3まで

2 反比例の関係 $y=-\frac{30}{x}$ で，xの値が次のように変わるときの変化の割合を求めなさい。

(1)　5から10まで

(2)　10から15まで

3 反比例の関係 $y=\frac{36}{x}$ で，xの値が次のように変わるときの変化の割合を求めなさい。

(1)　-12から-9まで

(2)　-6から-3まで

4 反比例の関係 $y=-\frac{48}{x}$ で，xの値が次のように変わるときの変化の割合を求めなさい。

(1)　-8から-4まで

(2)　-6から-2まで

LEVEL ★★☆☆☆

37 比例と1次関数のグラフ

学習日　　月　　日

解答 p.20

例題 右の図は，比例 $y=2x$ のグラフである。これをもとにして，1次関数 $y=2x+3$ のグラフをかきたい。

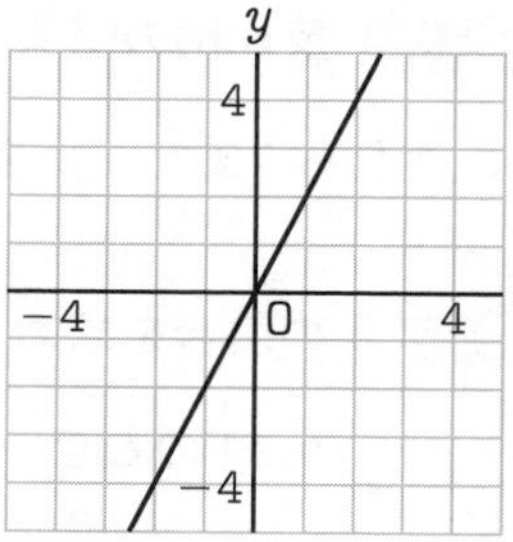

(1) 右の図に $y=2x+3$ のグラフをかきいれなさい。

(2) $y=2x+3$ のグラフは，$y=2x$ のグラフを，どちらの方向にどれだけ平行移動させたものになるか。

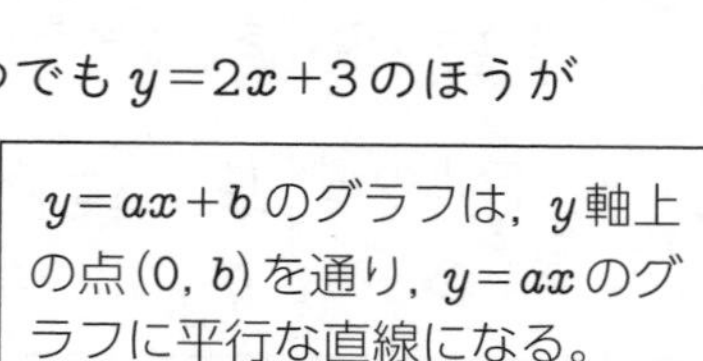

解 $y=2x$ …①と $y=2x+3$ …②で，$x=0$ のとき，

①… $y=2\times0=0$，②… $y=2\times0+3=3$

このように，同じ x の値に対応する y の値を比べると，いつでも $y=2x+3$ のほうが $y=2x$ より3だけ大きくなる。

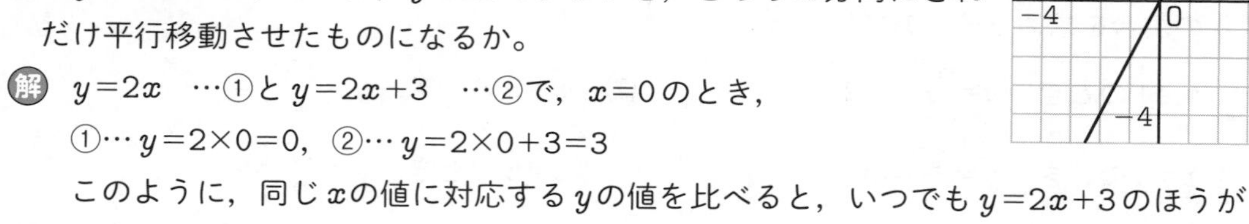

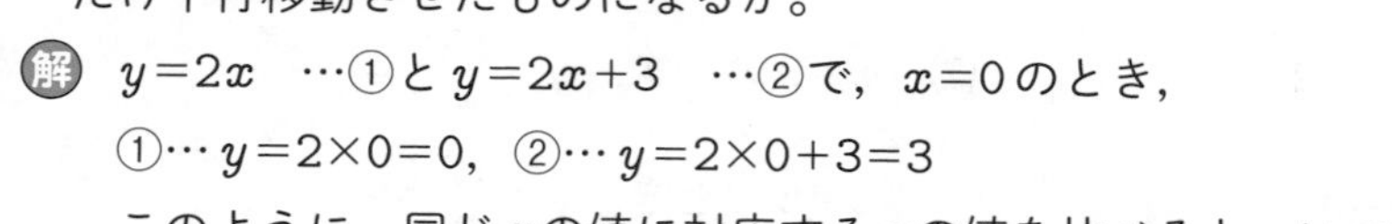

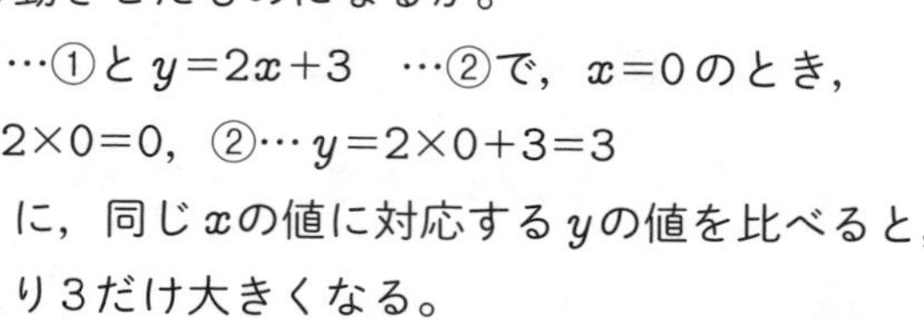

(1) 答

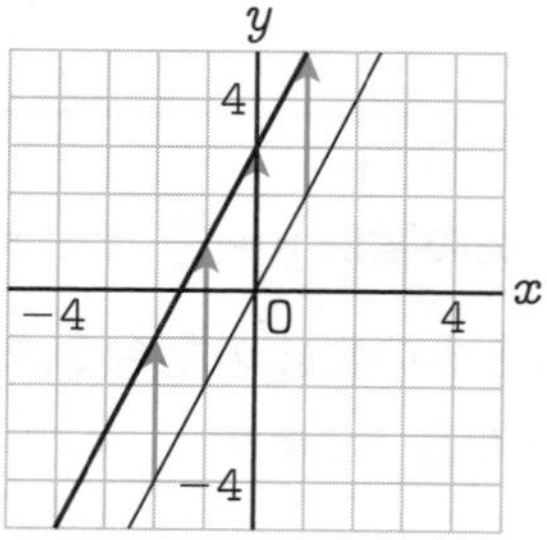

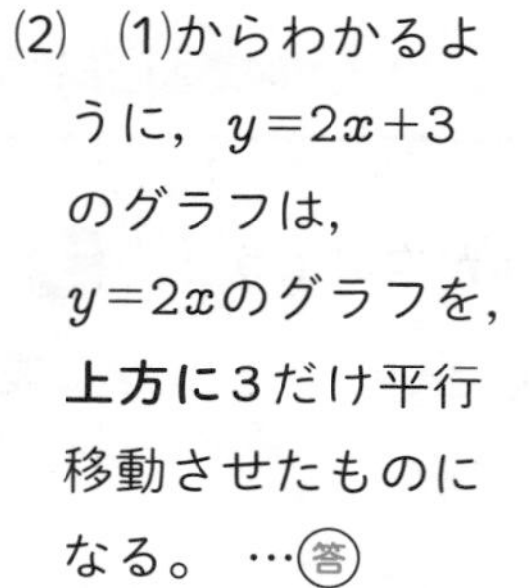

(2) (1)からわかるように，$y=2x+3$ のグラフは，$y=2x$ のグラフを，**上方に**3だけ平行移動させたものになる。…答

$y=ax+b$ のグラフは，y 軸上の点 $(0, b)$ を通り，$y=ax$ のグラフに平行な直線になる。

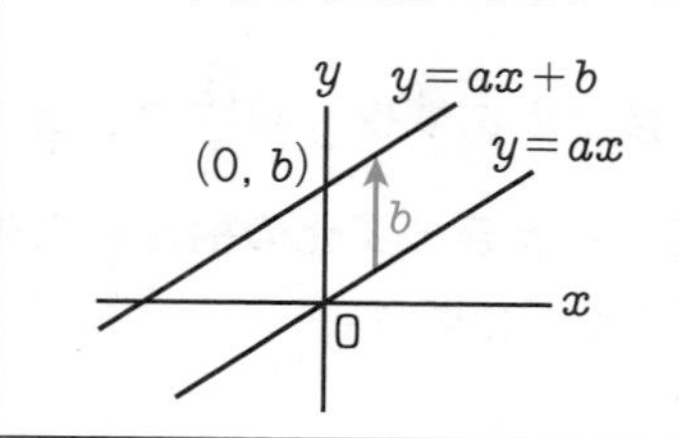

1 次の図は，比例 $y=-2x$ のグラフである。これをもとにして，(1)，(2)のグラフをかきいれなさい。

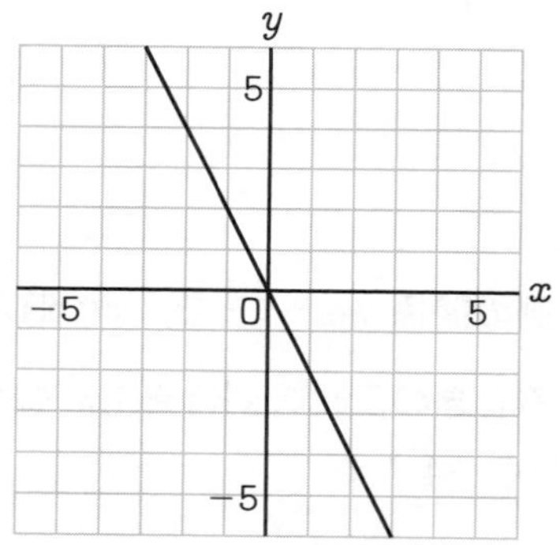

(1) $y=-2x+4$

(2) $y=-2x-2$

2 次の1次関数のグラフは，〔　〕の中の比例のグラフを，どちらの方向にどれだけ平行移動させたものになるか。

(1) $y=-3x+2$ 〔$y=-3x$〕

(2) $y=4x-3$ 〔$y=4x$〕

(3) $y=\frac{1}{2}x+1$ 〔$y=\frac{1}{2}x$〕

(4) $y=-\frac{2}{5}x-4$ 〔$y=-\frac{2}{5}x$〕

38 LEVEL ★★☆☆☆

切片と傾き

学習日　月　日
解答 p.20

例題 次の直線の傾き(かたむ)と切片(せっぺん)を答えなさい。また，それぞれの直線は右上がり，右下がりのどちらになるか。

(1)　$y=3x-2$　　(2)　$-4x+1$

解　1次関数 $y=ax+b$ のグラフを，直線 $y=ax+b$ という。

(1)　$y=3x-2$
$a=3$，$b=-2$ だから，
傾き3，切片 -2　…答
また，$a>0$ だから，
直線は**右上がり**　…答

(2)　$y=-4x+1$
$a=-4$，$b=1$ だから，
傾き -4，切片1　…答
また，$a<0$ だから，
直線は**右下がり**　…答

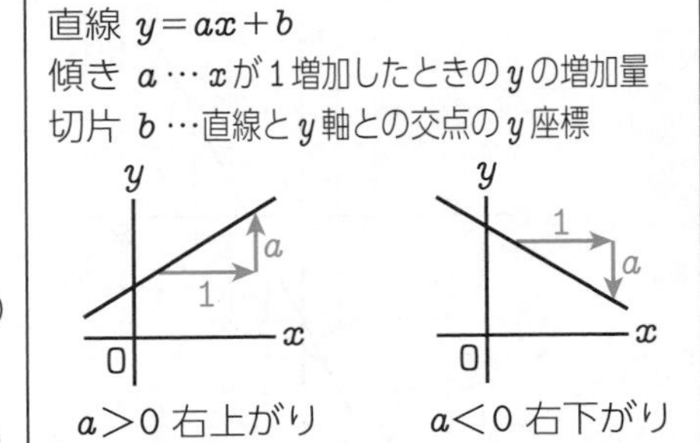

1 次の直線の傾きと切片を答えなさい。また，それぞれの直線は右上がり，右下がりのどちらになるか。

(1)　$y=5x-8$

傾き ＿＿＿＿　切片 ＿＿＿＿

直線は ＿＿＿＿

(2)　$y=-x+9$

傾き ＿＿＿＿　切片 ＿＿＿＿

直線は ＿＿＿＿

(3)　$y=\frac{1}{3}x+6$

傾き ＿＿＿＿　切片 ＿＿＿＿

直線は ＿＿＿＿

(4)　$y=-\frac{5}{2}x-10$

傾き ＿＿＿＿　切片 ＿＿＿＿

直線は ＿＿＿＿

2 次の1次関数のグラフでは，右へ4進むと，上へどれだけ進むか。または，下へどれだけ進むか。

(1)　$y=2x-7$

＿＿＿＿

(2)　$y=-\frac{3}{4}x+2$

＿＿＿＿

3 次のア～エの直線のうち，あとの(1)，(2)にあてはまるものはどれとどれか。

ア　$y=2x-1$　　イ　$y=4x+3$
ウ　$y=4x-5$　　エ　$y=-2x-3$
オ　$y=\frac{1}{2}x+1$　　カ　$y=-\frac{1}{2}x-5$

(1)　平行である2直線

＿＿＿＿

(2)　y 軸で交わる2直線

＿＿＿＿

3章 1次関数

LEVEL ★★★★★

39 グラフをかく

学習日　月　日
解答 p.21

例題 1次関数$y=2x-3$のグラフをかきなさい。

解 傾き2と切片-3に着目する。

答

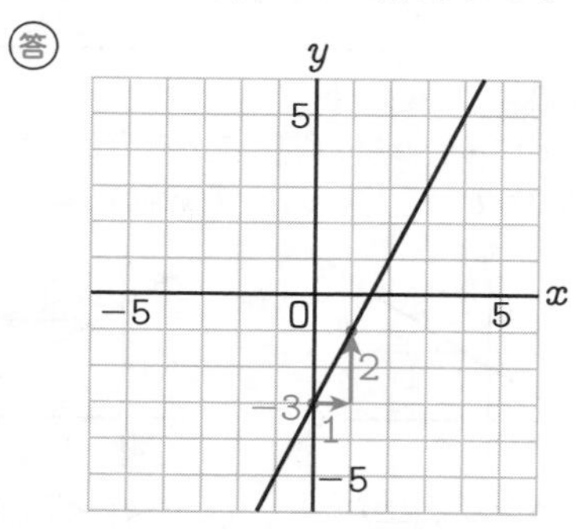

2点がはなれているほうが直線をかきやすいので，2点目は点(0，−3)から右へ4上へ8進んだ点(4，5)としてもよい。

1次関数$y=ax+b$のグラフをかく手順

❶ 切片がbだから，点(0，b)を通る

→点(0，−3)をとる。

❷ 傾きがaだから，右へ1進むと上へa進む

→点(0，−3)から右へ1，上へ2進んだ点(1，−1)をとる。

❸ 通る2点が決まれば直線がひける

→2点(0，−3)，(1，−1)を通る直線をかく。

1 1次関数$y=-\frac{3}{2}x+4$のグラフについて，次の問いに答えなさい。

(1) 傾きと切片を答えなさい。

傾き＿＿＿＿　切片＿＿＿＿

(2) 次の［ア］～［ウ］にあてはまる数を求めなさい。

グラフとy軸の交点の座標は(0，［ア］)で，ここから右へ2，下へ［イ］進んだ点(2，［ウ］)もグラフ上の点である。

ア＿＿＿＿　イ＿＿＿＿　ウ＿＿＿＿

(3) この1次関数のグラフをかきなさい。

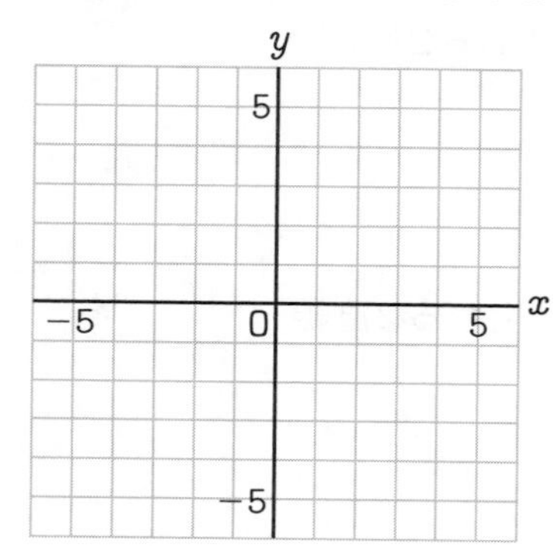

2 次の問いに答えなさい。

(1) 次の1次関数のグラフをかきなさい。

① $y=3x+1$　② $y=-2x+5$

③ $y=-x-3$　④ $y=\frac{2}{3}x-4$

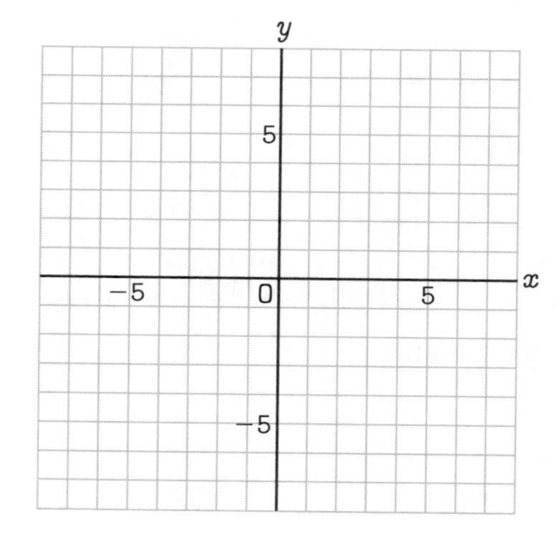

(2) 1次関数$y=-x-3$で，xの変域が$-5\leqq x\leqq 4$のとき，yの変域を求めなさい。

＿＿＿＿＿＿

40 LEVEL ★★★★★★ 1次関数の式①

学習日　月　日　解答 p.21

例題 右の図の直線(1)，(2)の式をそれぞれ求めなさい。

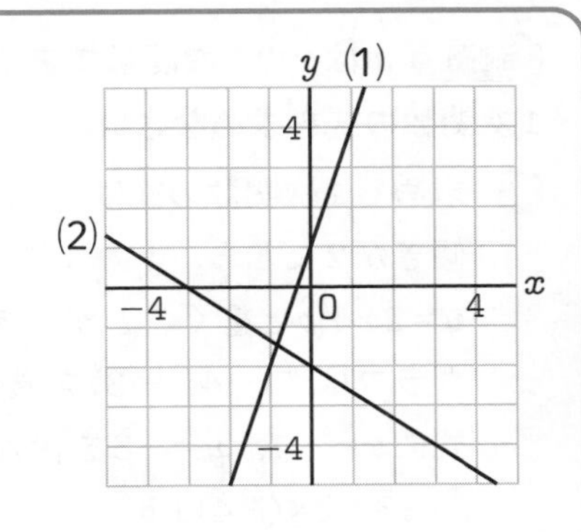

解 傾きと切片を読みとる。

(1)　点(0，1)を通る→切片は1

右へ1進むと上へ3進む→傾きは3

よって，直線の式は，

$y=3x+1$　…答

(2)　点(0，−2)を通る→切片は−2

右へ3進むと下へ2(上へ−2)進む→傾きは$-\frac{2}{3}$

よって，直線の式は，$y=-\frac{2}{3}x-2$　…答

y軸との交点に着目。

x座標，y座標がともに整数の点(1，4)を見つけ，点(0，1)からどう進むかを考える。

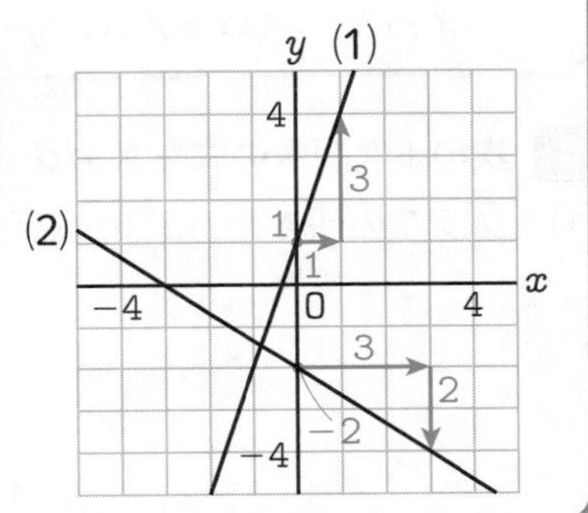

1 次の図の直線について，次の問いに答えなさい。

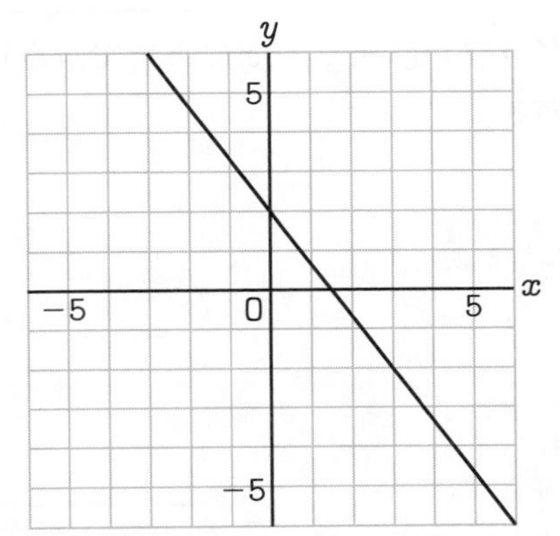

(1)　切片を読みとりなさい。

____

(2)　傾きを読みとりなさい。

____

(3)　直線の式を求めなさい。

____

2 次の図の直線(1)〜(3)の式をそれぞれ求めなさい。

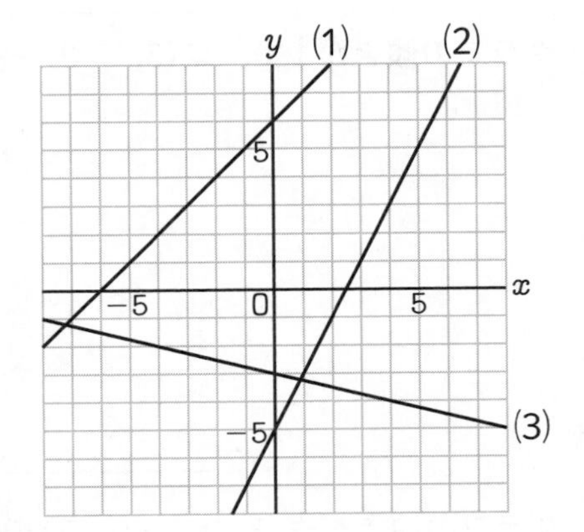

(1)__________

(2)__________

(3)__________

41 LEVEL ★★★★★ 1次関数の式②

学習日 月 日
解答 p.22

例題 yはxの1次関数である。そのグラフの傾きが2で，点$(-4,\ -3)$を通るとき，この1次関数の式を求めなさい。

解 求める1次関数の式は，
傾きが2だから，
$y=2x+b$と書くことができる。
グラフは点$(-4,\ -3)$を通るから，
式に$x=-4$，$y=-3$を代入すると，
$-3=2\times(-4)+b$
これを解いて，$b=5$
よって，求める式は，$y=2x+5$ …答

傾きと1点の座標から1次関数の式$y=ax+b$を求める手順

❶ $y=ax+b$に傾きaの値を代入する

❷ 式のx，yに，1点のx座標，y座標の値を代入して，bについての方程式をつくる

❸ 方程式を解いて，bの値を求める

1 次の1次関数の式を求めなさい。

(1) グラフの傾きが-3で，点$(2,\ 1)$を通る。

(2) グラフの傾きが1で，点$(3,\ -3)$を通る。

(3) グラフの傾きが$\frac{1}{2}$で，点$(-6,\ 2)$を通る。

2 次の1次関数の式を求めなさい。

(1) 変化の割合が-2で，$x=6$のとき$y=-8$である。

(2) グラフが直線$y=5x$に平行で，点$(4,\ 17)$を通る。

(3) グラフの切片が-9で，点$(-8,\ -3)$を通る。

42 LEVEL ★★★★★

1次関数の式③

学習日　月　日

解答 p.22

例題 yはxの1次関数である。そのグラフが2点(1, 3), (4, 9)を通るとき，この1次関数の式を求めなさい。

解　2点(1, 3), (4, 9)を通るから，

グラフの傾きは，$\frac{9-3}{4-1}=\frac{6}{3}=2$

だから，求める1次関数の式は

$y=2x+b$と書くことができる。

グラフは点(1, 3)を通るから，

$x=1$，$y=3$を代入すると，

$3=2\times1+b$

これを解いて，$b=1$

よって，求める式は，$y=2x+1$　…答

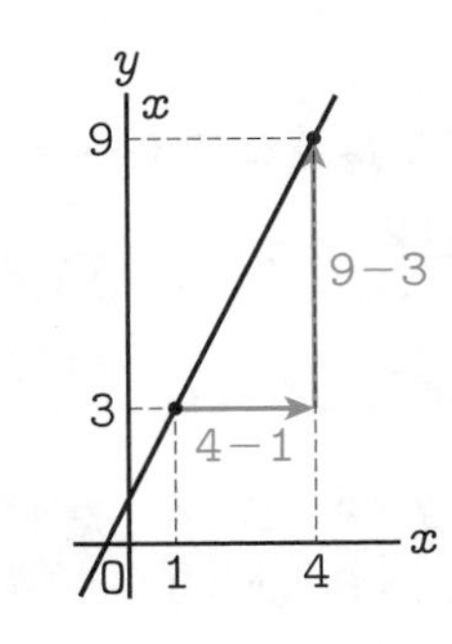

（別解）

求める式を$y=ax+b$とする。

点(1, 3)を通るから，

$3=a\times1+b$　…①

点(4, 9)を通るから，

$9=a\times4+b$　…②

①，②を，a，bについての連立方程式として解くと，

$a=2$，$b=1$

よって，求める式は，$y=2x+1$

1 次の1次関数の式を求めなさい。

(1)　グラフが2点(2, 4), (9, −3)を通る。

(2)　グラフが2点(−6, −5), (2, 7)を通る。

2 次の1次関数の式を求めなさい。

(1)　$x=1$のとき$y=-3$，$x=4$のとき$y=9$である。

(2)　$x=-5$のとき$y=2$，$x=5$のとき$y=-4$である。

43 LEVEL ★★★★★ 方程式とグラフ

学習日　月　日
解答 p.23

例題 次の方程式のグラフをかきなさい。

(1) $2x+3y=6$　(2) $2y=-8$

解 2元1次方程式 $ax+by=c$ のグラフは直線である。(1)は，2通りのかき方がある。

(1) かき方1　式を変形すると，$y=-\frac{2}{3}x+2$　yについて解く。

→傾き $-\frac{2}{3}$，切片2の直線をかく。

かき方2　$x=0$ を代入すると，$3y=6$　$y=2$　グラフが通る2点を求める。

$y=0$ を代入すると，$2x=6$　$x=3$

→2点(0，2)，(3，0)を通る直線をかく。

(2) y について解くと，$y=-4$　$y=k$のグラフ…x軸に平行な直線　$x=h$のグラフ…y軸に平行な直線

→点(0，−4)を通り，

x軸に平行な直線をかく。

答

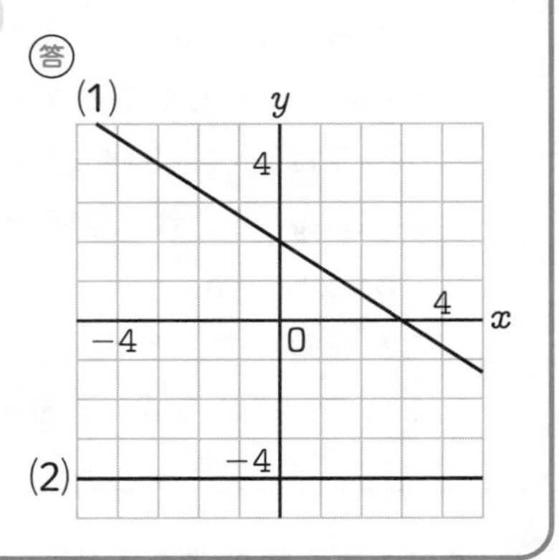

1 方程式 $x-3y=6$ …①について，次の問いに答えなさい。

(1) ①を y について解きなさい。

____

(2) ①のグラフをかきなさい。

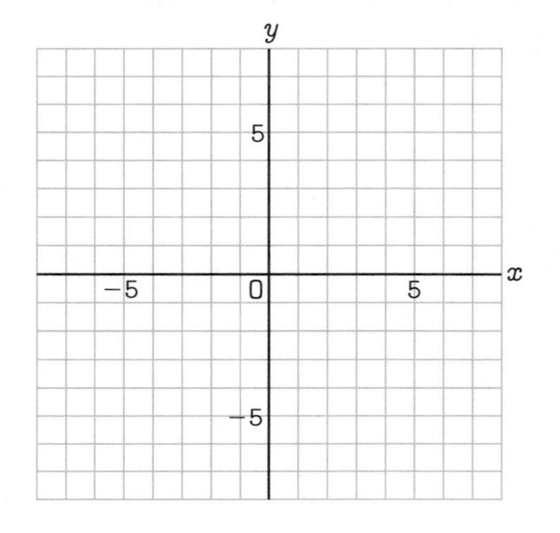

2 方程式 $3x+2y=-12$ …②について，次の問いに答えなさい。

(1) ②のグラフと x軸，y軸との交点の座標をそれぞれ求めなさい。

x軸 ________　y軸 ________

(2) ②のグラフを **1** (2)の図にかきなさい。

3 次の方程式のグラフをかきなさい。

(1) $3y=9$　(2) $2x+10=0$

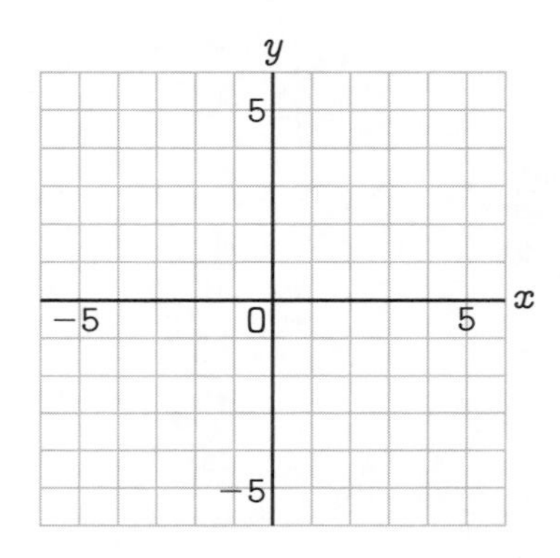

44 連立方程式とグラフ

LEVEL ★★★★★

学習日　月　日
解答 p.24

例題 連立方程式 $\begin{cases} 2x-y=1 & \cdots① \\ x+2y=8 & \cdots② \end{cases}$ の解を，グラフをかいて求めなさい。

解 それぞれの方程式のグラフをかいて，交点の座標を読みとる。

それぞれ y について解くと，①は $y=2x-1$，②は $y=-\frac{1}{2}x+4$

傾き2，切片 -1　　傾き $-\frac{1}{2}$，切片4

グラフは右の図のようになる。

交点の座標は(2，3)

よって，連立方程式の解は，$x=2$，$y=3$ …答

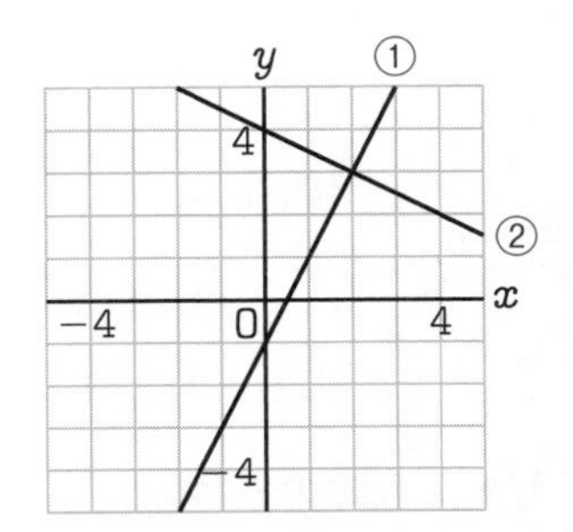

3章 1次関数

1 次の連立方程式の解を，グラフをかいて求めなさい。

(1) $\begin{cases} x-y=-3 & \cdots① \\ 3x+y=-1 & \cdots② \end{cases}$

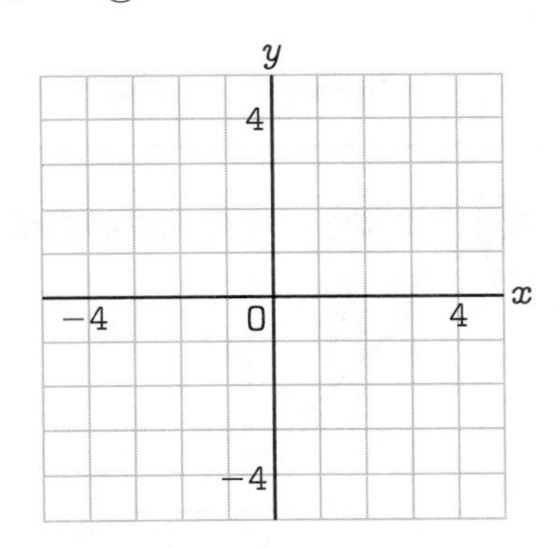

(2) $\begin{cases} 2x+y=3 & \cdots① \\ x+3y=-6 & \cdots② \end{cases}$

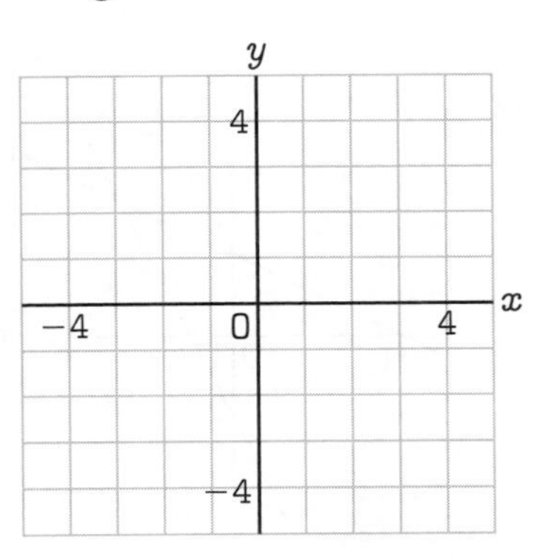

2 連立方程式 $\begin{cases} x-2y=6 & \cdots① \\ -2x+4y=4 & \cdots② \end{cases}$ の解を，グラフをかいて考える。

(1) ①，②の方程式のグラフをかきなさい。

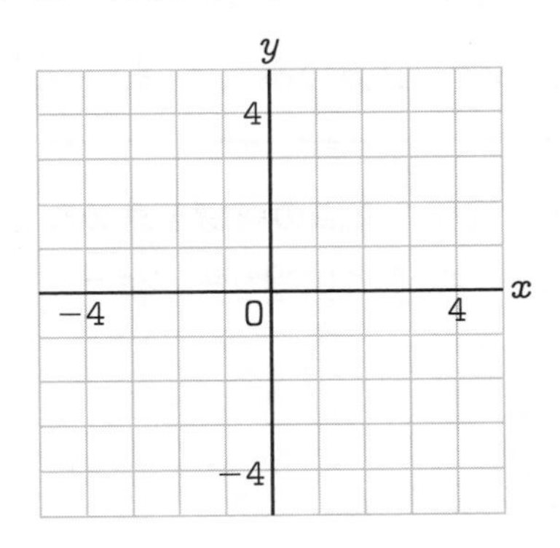

(2) (1)のグラフから，この連立方程式には解がないことがわかる。

このことを，次のように説明した。□に文を入れて，説明を完成させなさい。

〔説明〕 ①，②の方程式のグラフは，

したがって，①，②の方程式を同時に成り立たせる x，y の値は存在しないから，この連立方程式には解がない。

45 LEVEL ★★★★★

2直線の交点の座標

学習日　月　日

解答 p.24

例題 右の図で，2直線①，②の交点の座標を求めなさい。

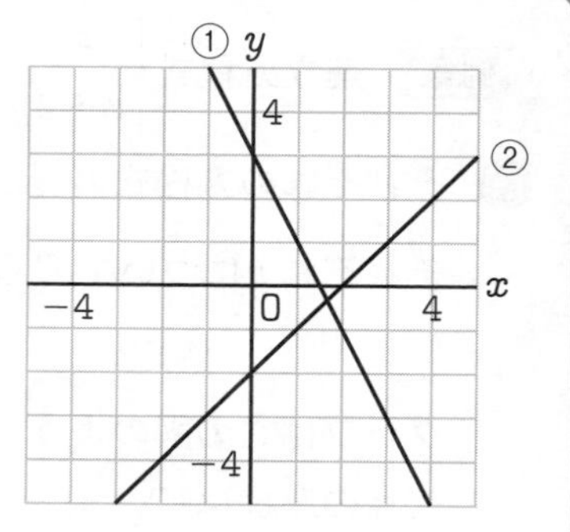

解 2直線の式は，

$y=-2x+3$ …①　　$y=x-2$ …②

①，②を連立方程式として解く。

②を①に代入すると，$x-2=-2x+3$　　$x=\frac{5}{3}$

$x=\frac{5}{3}$ を②に代入すると，$y=\frac{5}{3}-2=-\frac{1}{3}$

よって，交点の座標は $\left(\frac{5}{3},\ -\frac{1}{3}\right)$ …答

2直線の交点の座標を求める手順

1 2直線の式をそれぞれ求める。

2 2直線の式を連立方程式として解く。

3 連立方程式の解が，交点の x，y 座標になる。

1 次の2直線の交点の座標を求めなさい。

(1) 直線 $y=x+6$ と直線 $y=-2x-6$

(2) 直線 $y=-\frac{1}{4}x-2$ と直線 $y=2x-4$

2 2直線①，②の交点の座標を求めなさい。

(1)

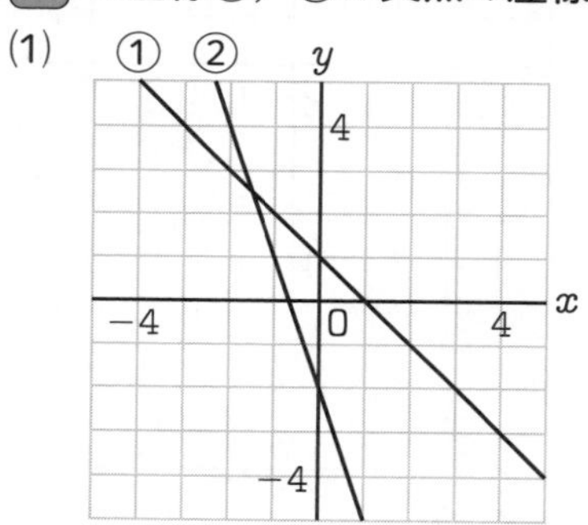

(2)

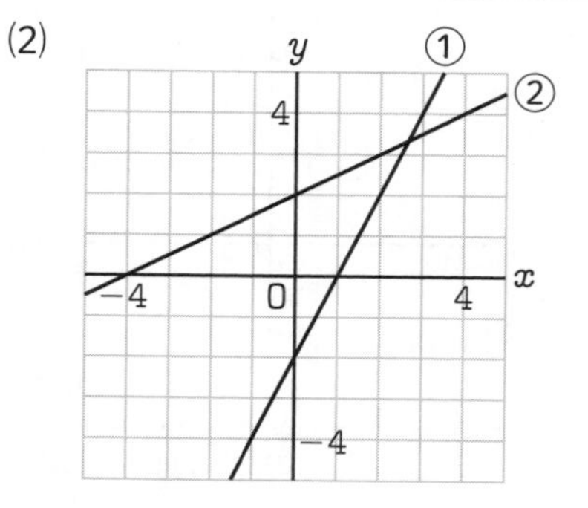

LEVEL ★★★★★

46 1次関数の利用①

学習日　月　日

解答 p.25

例題 ガスバーナーで水を熱する実験を行った。熱し始めてからx分後の水温をy℃とすると，xとyの関係は下の表のようになった。右の図は，表の対応するxとyの値の組を座標とする点をとったものである。

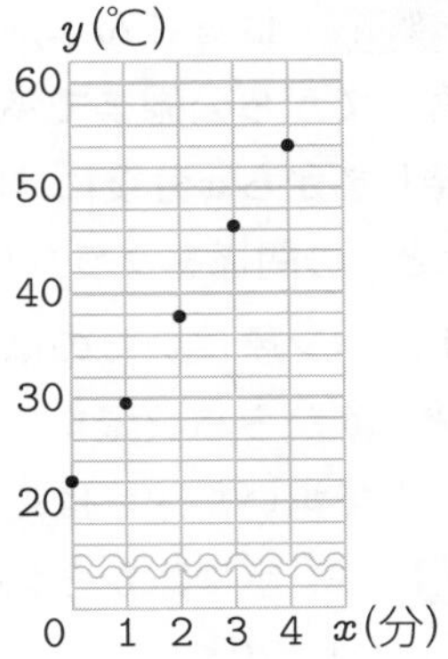

x	0	1	2	3	4
y	22.0	29.6	37.8	46.2	54.0

y(℃)
60
50
40
30
20
0　1　2　3　4　x(分)

(1)　右の図でとった点のなるべく近くを通る直線が，2点(0，22)，(4，54)を通るものとする。この直線の式を求めなさい。

(2)　水温が70℃になるのは，熱し始めてから何分後と推測できるか。

解　yはxの1次関数とみることができる。　水温の点はほぼ一直線上にならんでいる。

(1)　点(0，22)を通るから，式は$y=ax+22$と書くことができる。　切片が22

点(4，54)を通るから，$54=a\times4+22$　$4a=32$　$a=8$　$x=4$，$y=54$を代入する。

よって，式は$y=8x+22$　…答

(2)　$y=8x+22$に$y=70$を代入すると，$70=8x+22$　$x=6$　よって，**6分後**　…答

1 例題 について，次の問いに答えなさい。

(1)　熱し始めてから9分後の水温は何度と推測できるか。

(2)　直線の式$y=8x+22$において，傾きの8は何を表してるか。

2 右の表は，ある地域のA～Eの5つの地点で，同じ時刻の気温を調べた記録である。また，右上の図は，各地点の標高を$x$km，気温をy℃として，対応するxとyの値の組を座標とする点をとったものである。

地点	標高(km)	気温(℃)
A	0.00	21.0
B	0.23	20.0
C	0.36	18.5
D	0.68	17.0
E	1.00	15.0

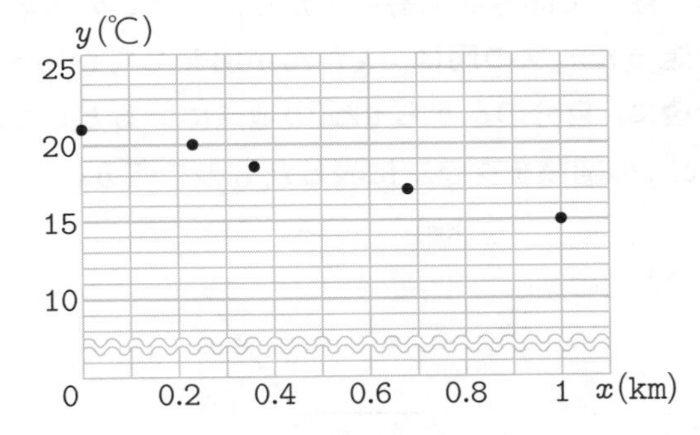

(1)　上の図でとった点のなるべく近くを通る直線が，2点(0，21)，(1，15)を通るものとする。この直線の式を求めなさい。

(2)　標高が750mの地点の気温は何度と推測できるか。

47 LEVEL ★★★★★★ 1次関数の利用②

学習日　月　日
解答 p.25

例題 **はるさんは，家を出発して，途中でパン屋に寄ってから公園まで歩いた。右の図は，はるさんが出発してからx分後に，家から$y$kmの地点にいるとして，xとyの関係をグラフに表したものである。**

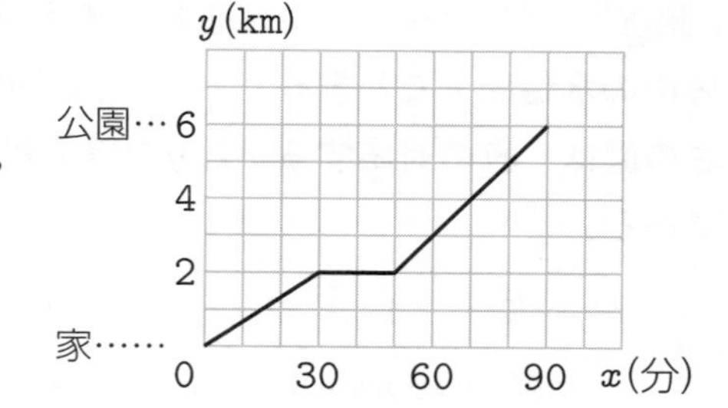

(1) パン屋にいたのは何分間か。

(2) 家からパン屋まで歩いた速さと，パン屋から公園まで歩いた速さはそれぞれ分速何kmか。

解 パン屋は家から2kmのところにあることが読みとれる。

$y=2$で変化しないときは，そこにとどまっていることを表している。

(1) $30 \leqq x \leqq 50$のときだから，$50-30=$**20(分間)** …答

(2) 家からパン屋まで…2kmを30分で歩いたから，$\frac{2}{30}=\frac{1}{15}$　よって，**分速$\frac{1}{15}$km** …答

パン屋から公園まで…6−2=4(km)を90−50=40(分)で歩いたから，

$\frac{4}{40}=\frac{1}{10}$　よって，**分速$\frac{1}{10}$km** …答

1 **Aさんは，自転車に乗って自分の家を出発し，途中で図書館に寄ってから，いとこの家まで走った。次の図は，Aさんが出発してからx分後に，自分の家から$y$kmの地点にいるとして，xとyの関係をグラフに表したものである。**

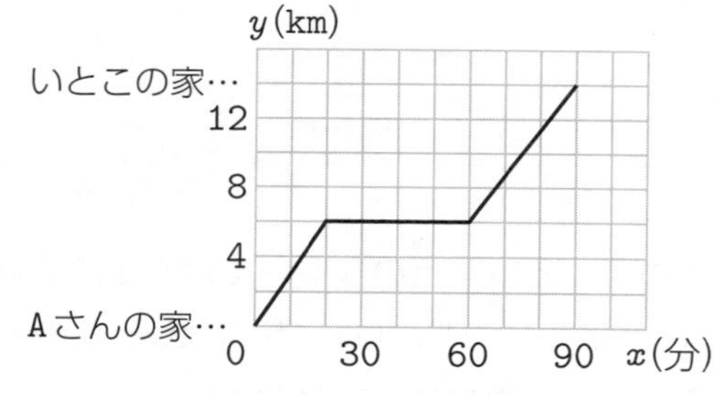

(1) 図書館からいとこの家まで何kmあるか。

(2) 図書館に寄る前とあとでは，Aさんの走る速さはどちらが速いか。

2 **Bさんは，家を出発して，郵便局まで歩いて行き，用事をすませてから家に帰った。次の図は，Bさんが出発してからx分後に，家からymの地点にいるとして，xとyの関係をグラフに表したものである。**

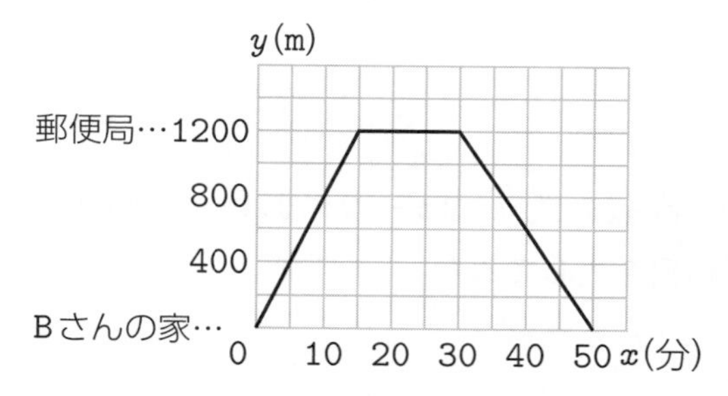

(1) Bさんは，家を出発してから10分後に，郵便局まであと何mの地点にいるか。

(2) Bさんが郵便局から家に帰るときのxとyの関係を式に表しなさい。

48 LEVEL ★★★★★ 1次関数の利用③

学習日　月　日
解答 p.26

例題　右の図の長方形ABCDの辺上を，点Pは，AからB，Cを通ってDまで動く。点PがAから$x$cm動いたときの△APDの面積を$y$cm²とする。点Pが次の辺上を動くとき，yをxの式で表しなさい。

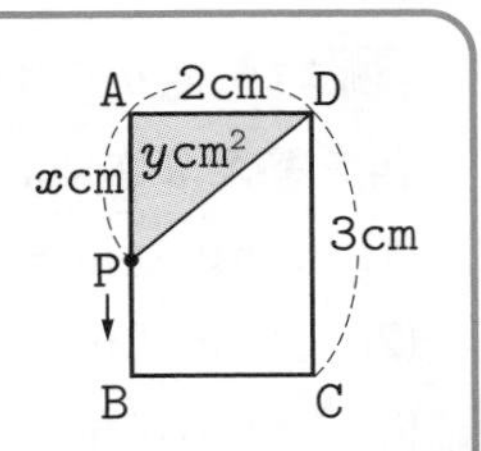

(1)　辺AB　　(2)　辺BC　　(3)　辺CD

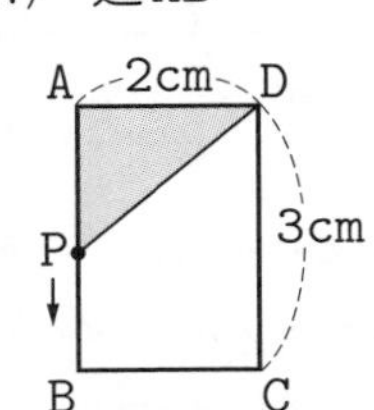

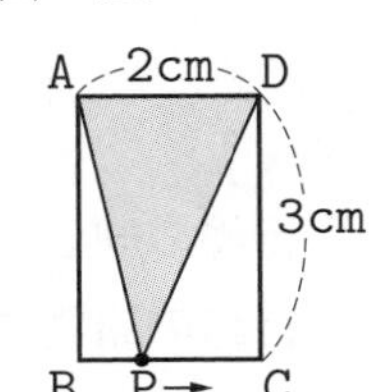

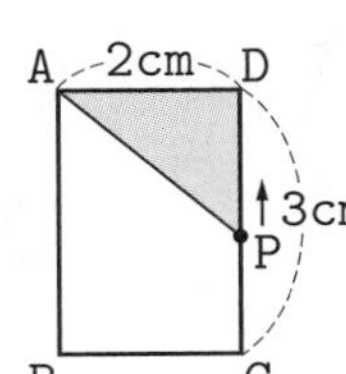

解　ADを底辺としたとき，高さがどのように表されるか考える。

(1)　高さはAP＝$x$cm　　面積は，$\frac{1}{2}\times2\times x=x$(cm²)　　よって，$y=x$　…答

(2)　高さはAB＝3cmで一定。　　面積は，$\frac{1}{2}\times2\times3=3$(cm²)　　よって，$y=3$　…答

(3)　高さはDPで，DP＝(AB＋BC＋CD)－(AB＋BC＋CP)＝(3＋2＋3)－x＝8－x(cm)（AB＋BC＋CP＝x）

面積は，$\frac{1}{2}\times2\times(8-x)=-x+8$(cm²)　　よって，$y=-x+8$　…答

1　例題で，点PがAからDまで動くときの，xとyの関係を表すグラフをかきなさい。

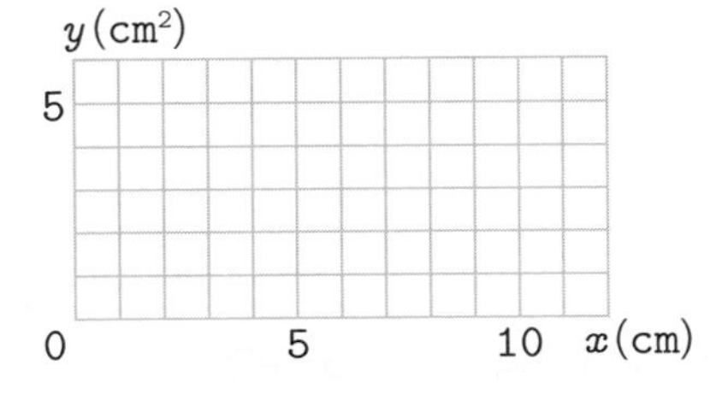

2　右の図のような∠C＝90°の直角三角形ABCの辺上を，点Pは，BからCを通ってAまで動く。点PがBから$x$cm動いたときの△ABPの面積を$y$cm²とする。

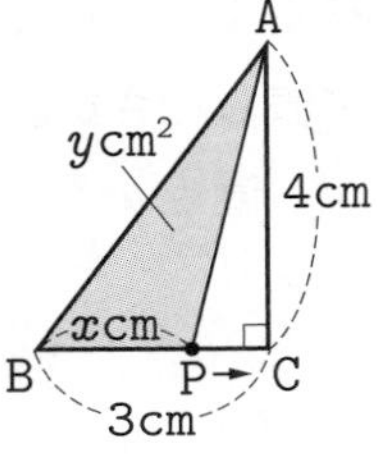

(1)　点Pが辺BC上を動くとき，yをxの式で表しなさい。

(2)　点Pが辺CA上を動くとき，yをxの式で表しなさい。

(3)　点PがBからAまで動くときの，xとyの関係を表すグラフをかきなさい。

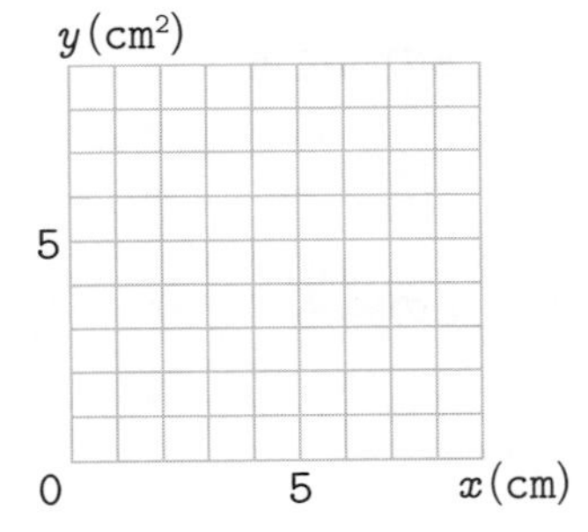

LEVEL ★★★★★

49 角と平行線①

学習日　　月　　日
解答 p.27

例題1 右の図で，次の角を答えなさい。

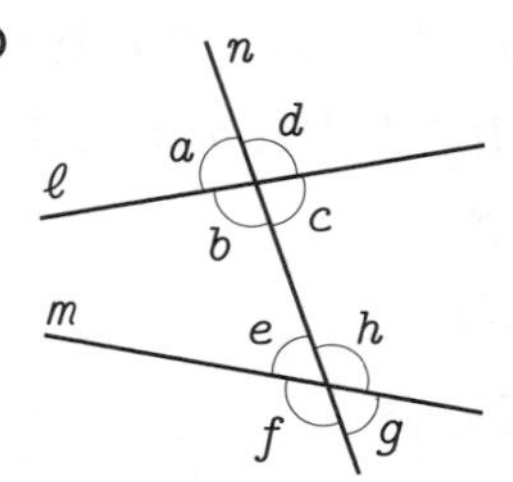

(1) $\angle b$の対頂角（たいちょうかく）

(2) $\angle b$の同位角（どういかく）

(3) $\angle b$の錯角（さっかく）

解 角の位置関係はしっかり覚えること。

(1) $\angle b$と向かい合っている角で，$\angle d$ …答

(2) $\angle b$の同位角は，$\angle f$ …答

(3) $\angle b$の錯角は，$\angle h$ …答

例題2 右の図で，$\ell /\!/ m$のとき，次の角と大きさの等しい角を答えなさい。

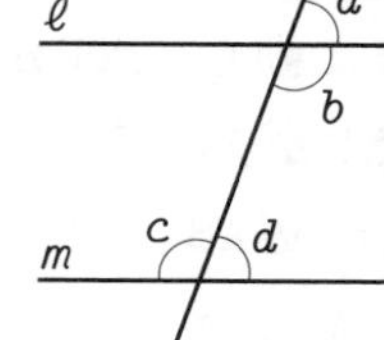

(1) $\angle a$

(2) $\angle b$

解 (1) 平行線の同位角で，$\angle a=\angle d$ …答

(2) 平行線の錯角で，$\angle b=\angle c$ …答

2直線が平行 ⇄ 同位角が等しい
2直線が平行 ⇄ 錯角が等しい

1 右の図のように，3直線が1点で交わっているとき，次の角を答えなさい。

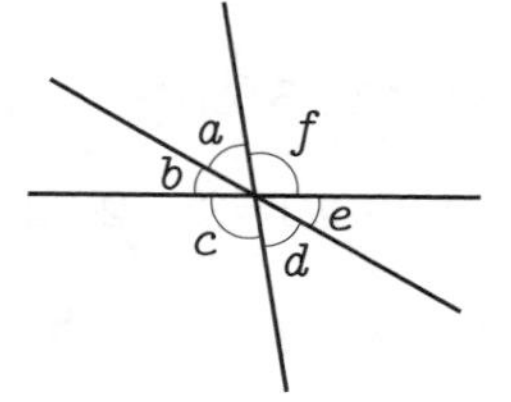

(1) $\angle a$の対頂角

(2) $\angle e$の対頂角

2 右の図で，次の角を答えなさい。

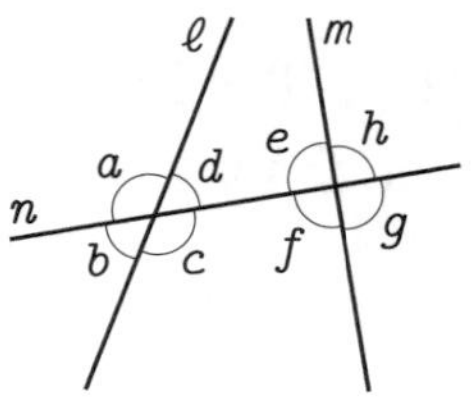

(1) $\angle d$の同位角

(2) $\angle d$の錯角

(3) $\angle e$の同位角

(4) $\angle e$の錯角

3 右の図で，$\ell /\!/ m$，のとき，次の角と大きさの等しい角を答えなさい。

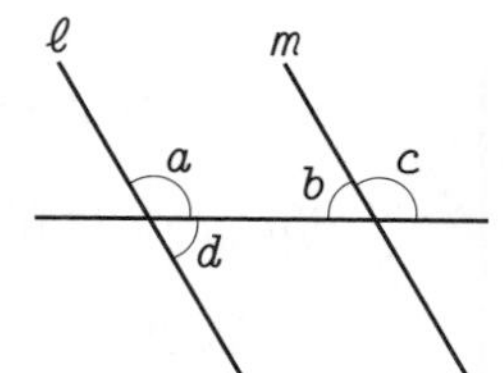

(1) $\angle a$

(2) $\angle b$

4 右の図のように，5つの直線a〜eに直線ℓが交わっている。次の直線と平行な直線を見つけ，記号$/\!/$を使って表しなさい。

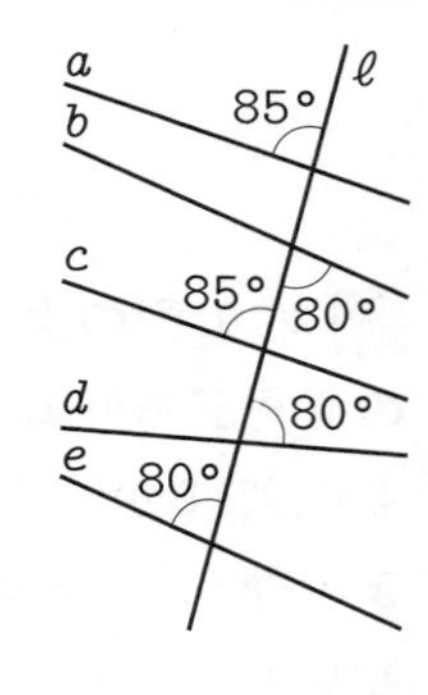

(1) 直線a

(2) 直線b

50 LEVEL ★★★☆☆

角と平行線②

学習日　　月　　日　解答 p.27

例題 次の図で，$\angle x$の大きさを求めなさい。

(1)

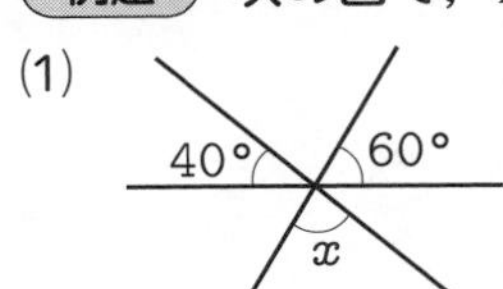

(2) $\ell /\!/ m$

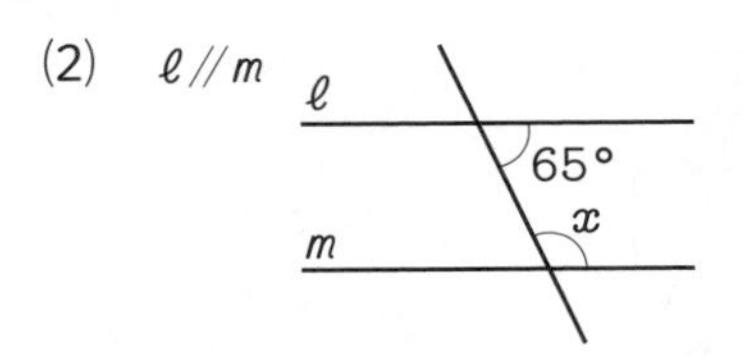

解 対頂角は等しいことや，平行線の同位角，錯角は等しいことなどを利用する。

(1)

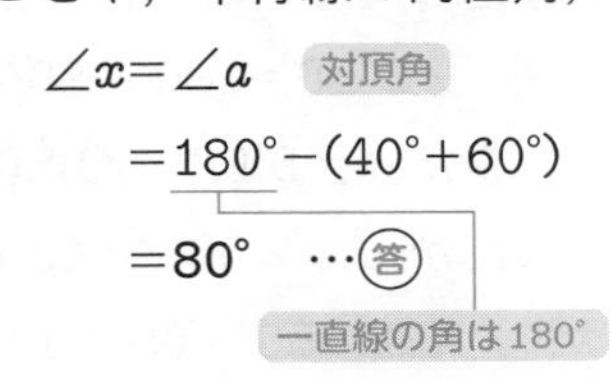

$\angle x=\angle a$　対頂角

$=180°-(40°+60°)$

$=80°$　…答

一直線の角は180°

(2)

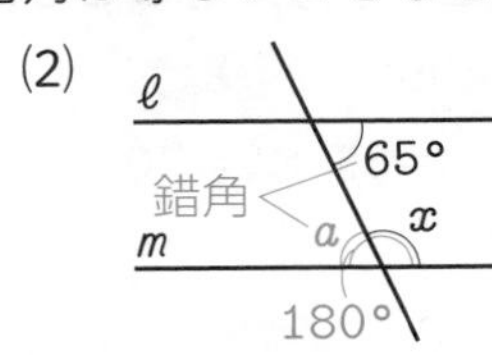

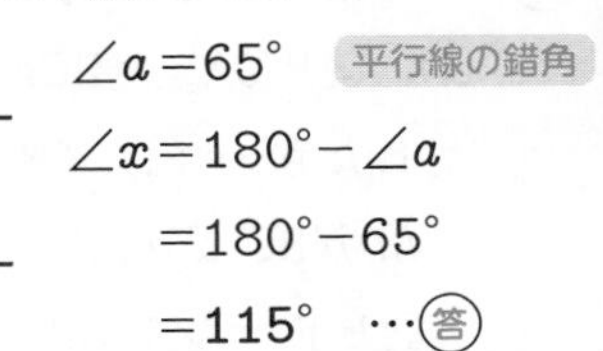

$\angle a=65°$　平行線の錯角

$\angle x=180°-\angle a$

$=180°-65°$

$=115°$　…答

1 右の図のように，3直線が1点で交わっているとき，$\angle x$，$\angle y$の大きさを求めなさい。

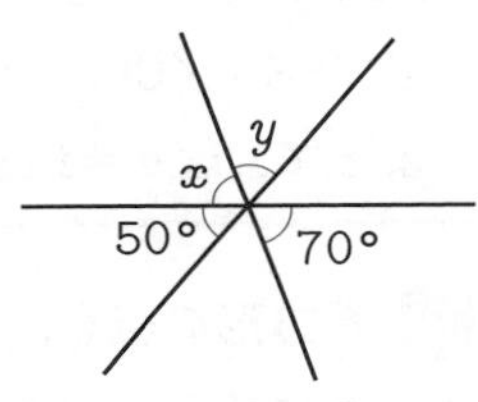

$\angle x$__________　$\angle y$__________

2 次の図で，$\ell /\!/ m$のとき，$\angle x$，$\angle y$の大きさを求めなさい。

(1)

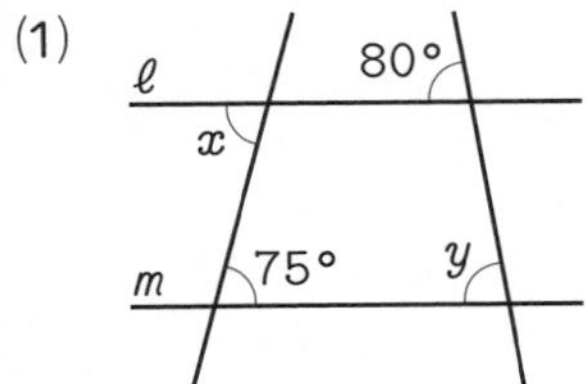

$\angle x$__________　$\angle y$__________

(2)

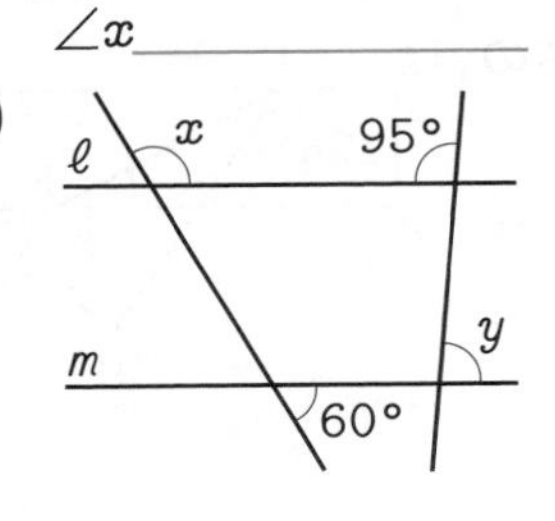

$\angle x$__________　$\angle y$__________

3 右の図で，$\ell /\!/ m$，のとき，$\angle x$，$\angle y$の大きさを求めなさい。

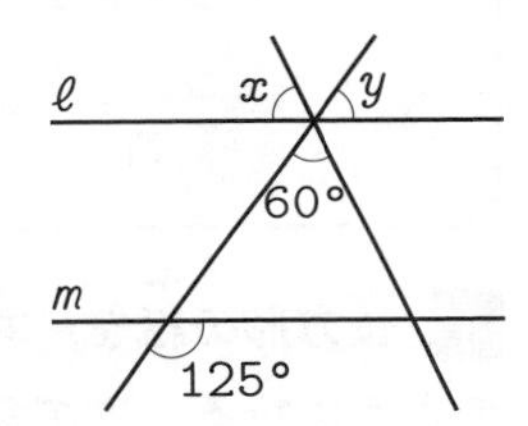

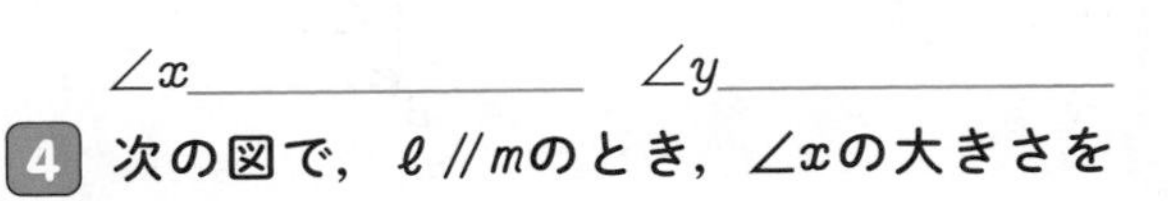

$\angle x$__________　$\angle y$__________

4 次の図で，$\ell /\!/ m$のとき，$\angle x$の大きさを求めなさい。

(1)

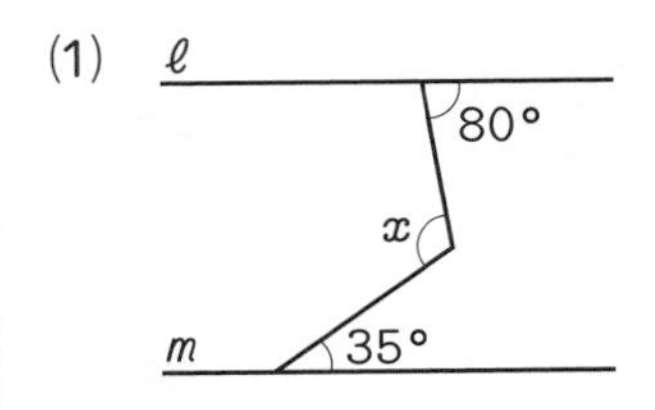

____

(2) ℓ　45°　110°　m　x

____

4章 平行と合同

51 LEVEL ★★★★★

折り返した図形の角度

学習日　　月　　日
解答 p.28

例題 **長方形の紙を次の図のように折るとき，∠xの大きさを求めなさい。**

(1)

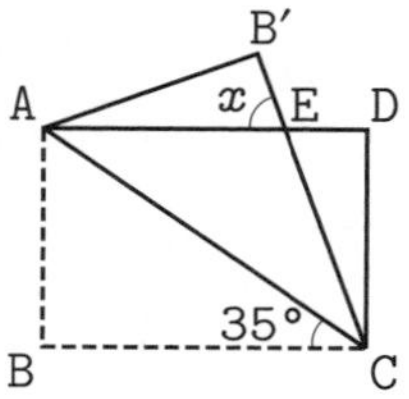

(2)

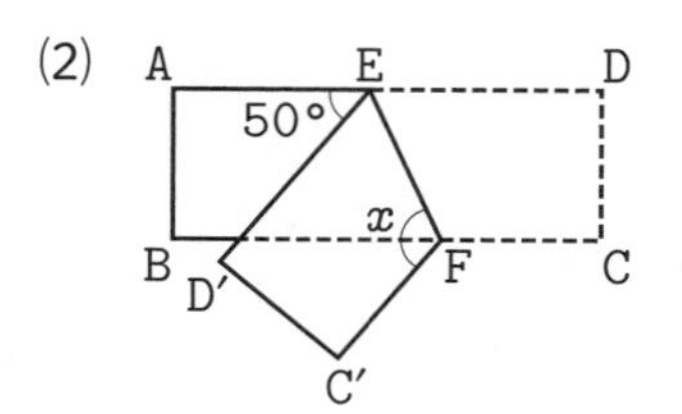

解　長方形の向かい合う辺は平行であること，折り返してできる角は等しいことを利用する。

(1)　∠B′CA＝∠BCA＝35°　折り返し
したがって，∠B′CB＝35°×2＝70°
AD//BCより，
∠B′EA＝∠B′CB＝70°　同位角
よって，∠x＝70°　…答

(2)　∠D′ED＝180°－50°＝130°
また，∠D′EF＝∠DEF　折り返し
だから，∠D′EF＝130°÷2＝65°
∠AEF＝50°＋65°＝115°
AD//BCより，∠CFE＝∠AEF＝115°　錯角
∠C′FE＝∠CFE＝115°　折り返し
よって，∠x＝115°　…答

1 **長方形の紙を，右の図のように折る。次の角の大きさを求めなさい。**

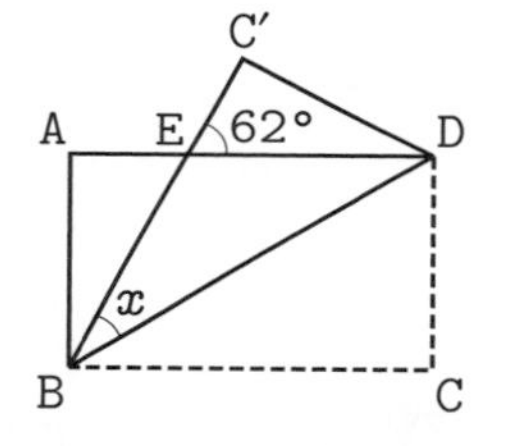

(1)　∠C′BC

(2)　∠x

2 **長方形の紙を，右の図のように折る。∠xの大きさを求めなさい。**

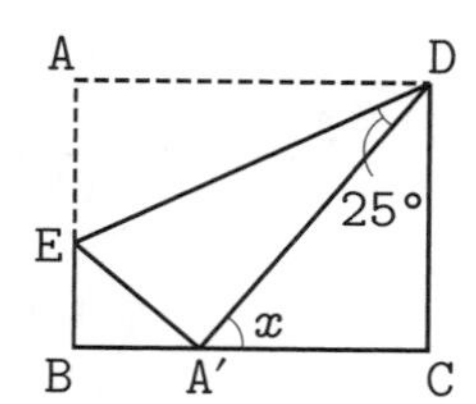

3 **長方形の紙を，右の図のように折る。次の角の大きさを求めなさい。**

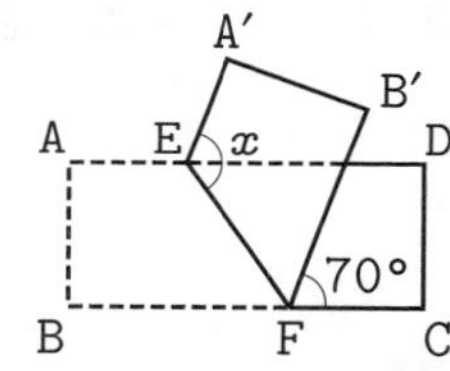

(1)　∠B′FE

(2)　∠x

4 **長方形の紙を，右の図のように折る。∠xの大きさを求めなさい。**

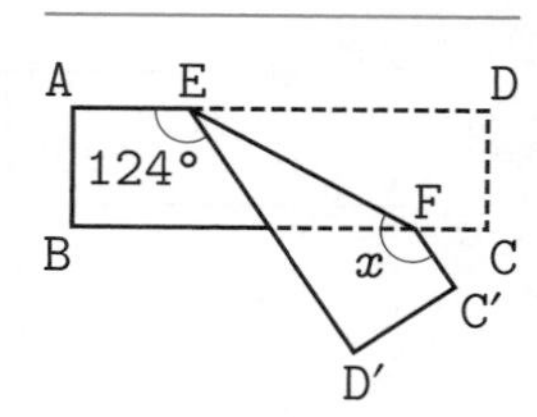

52 LEVEL ★★☆☆☆ 三角形の内角

学習日　　月　　日
解答 p.28

例題1 右の図で，$\angle x$の大きさを求めなさい。

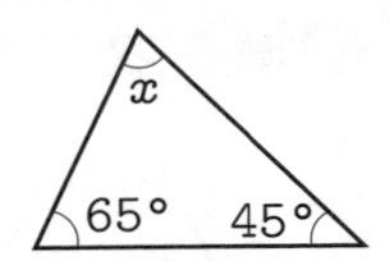

解 $\angle x = 180° - (65° + 45°) = 70°$ …答　三角形の内角の和は180°

例題2 2つの内角（ないかく）の大きさが30°，45°の三角形がある。この三角形は，鋭角（えいかく）三角形，直角三角形，鈍角（どんかく）三角形のどれになるか。

解 残りの1つの内角の大きさは，
$180° - (30° + 45°) = 105°$
1つの内角が鈍角だから，**鈍角三角形である。** …答

鋭角…0°より大きく90°より小さい角
直角…90°の角
鈍角…90°より大きく180°より小さい角

1 次の図で，$\angle x$の大きさを求めなさい。

(1)

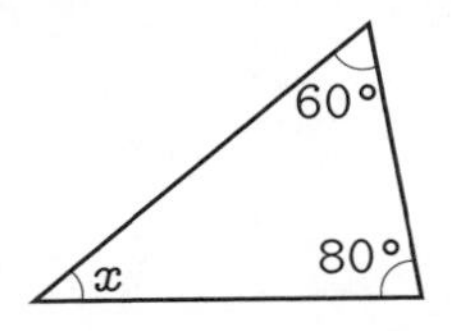

(2)

(3)

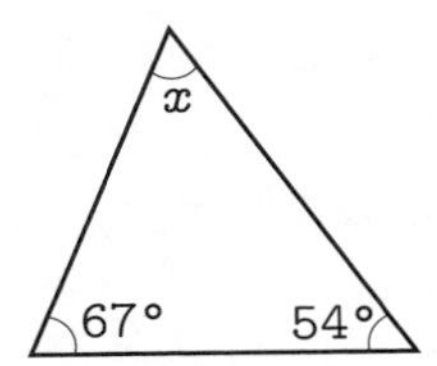

(4)

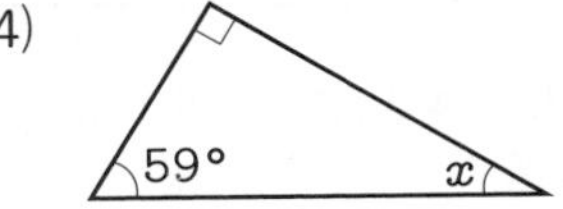

2 2つの内角の大きさが次のような三角形は，鋭角三角形，直角三角形，鈍角三角形のどれになるか。

(1) 25°，75°

(2) 40°，45°

(3) 35°，55°

4章 平行と合同

53 LEVEL ★★★★★ 三角形の内角と外角

学習日　月　日　解答 p.29

例題　次の図で，$\angle x$の大きさを求めなさい。

(1)

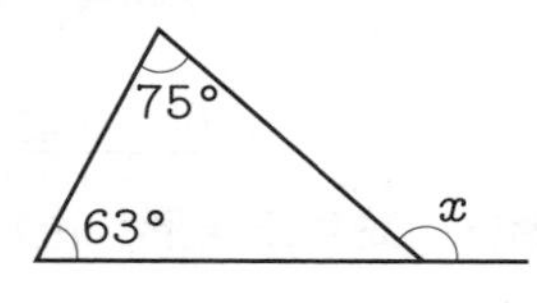

(2)

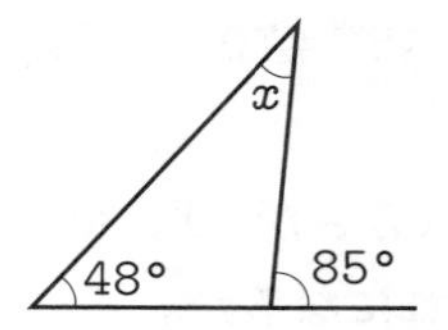

解　三角形の内角と外角（がいかく）の性質を利用する。

(1)　$\angle x = 75° + 63°$

$= 138°$　…答

(2)　$\angle x + 48° = 85°$

よって，$\angle x = 85° - 48°$

$= 37°$　…答

三角形の外角は，そのとなりにない２つの内角の和に等しい。

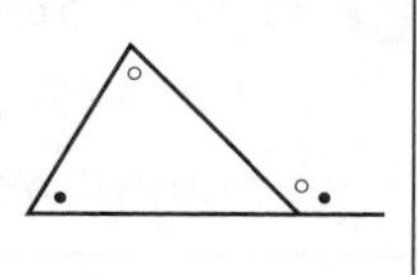

1　次の図で，$\angle x$の大きさを求めなさい。

(1)

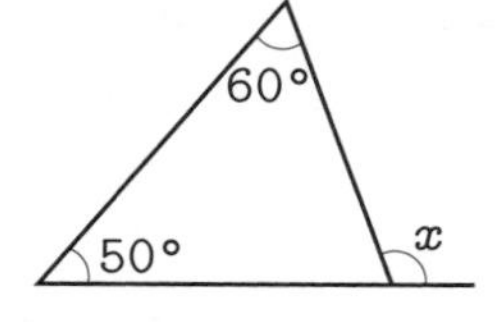

(2)

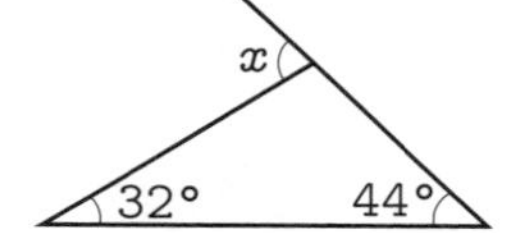

(2)

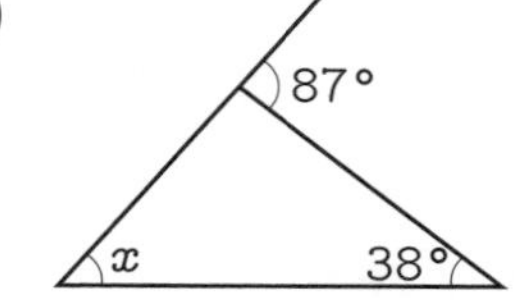

2　次の図で，$\angle x$の大きさを求めなさい。

(1)

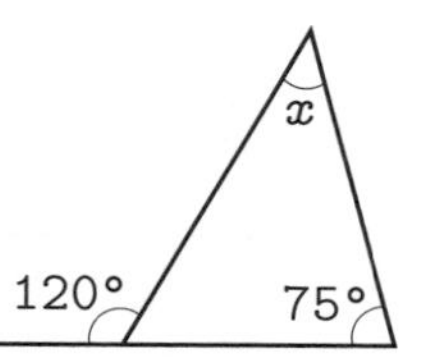

3　右の図の$\angle x$の大きさを，次の手順にしたがって求めなさい。

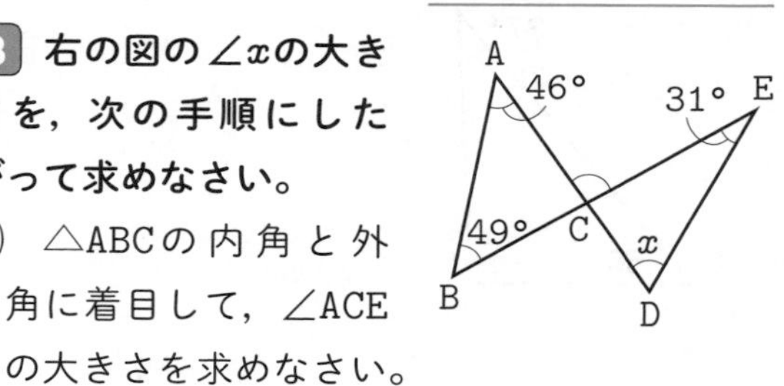

(1)　△ABCの内角と外角に着目して，∠ACEの大きさを求めなさい。

(2)　△CDEの内角と外角に着目して，$\angle x$の大きさを求めなさい。

54 LEVEL ★★★★★ 平行線と三角形，二等分線

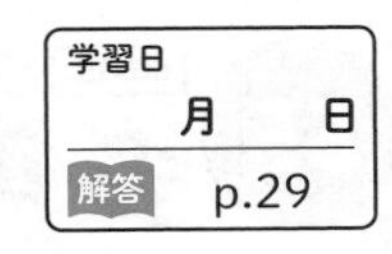

例題 次の図で，$\angle x$の大きさを求めなさい。ただし，(1)では$\ell /\!/ m$であり，(2)では，点Dは$\angle$Bの二等分線と$\angle$Cの二等分線の交点である。

(1)

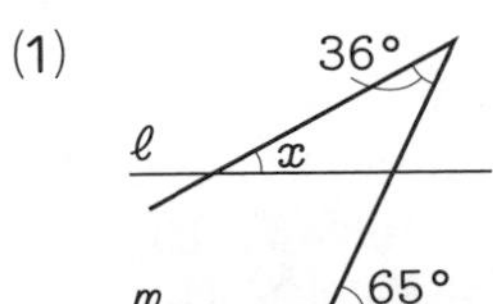
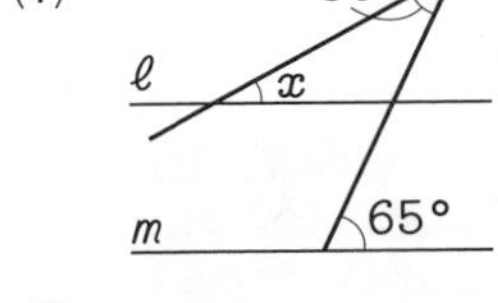

(2)

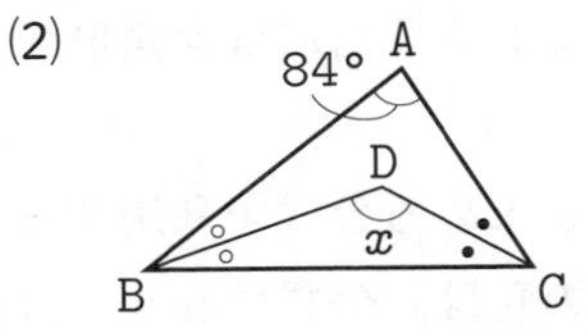

解 (1) 下の図で，$\angle a=65°$ 平行線の同位角

また，$\angle x+36°=\angle a$ 三角形の内角と外角の性質

$\angle x+36°=65°$

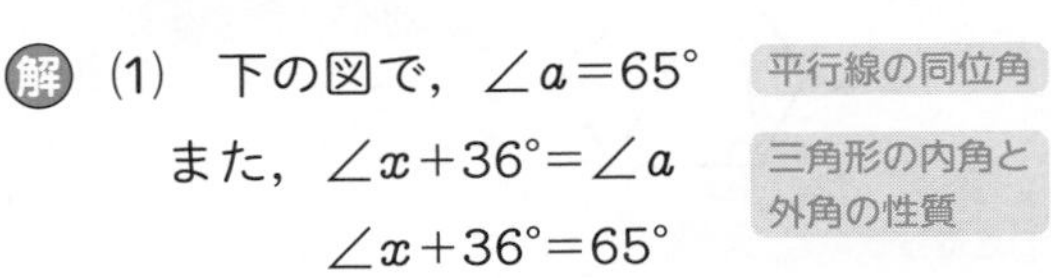

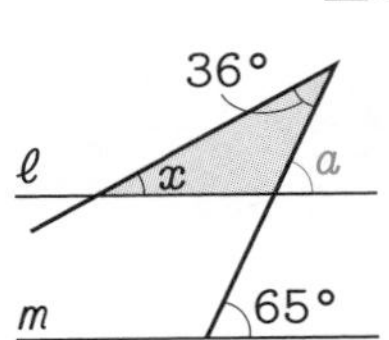

$\angle x=65°-36°$

$=29°$ …答

(2) $84°+$○○$+$●●$=180°$ △ABCの内角の和

○○$+$●●$=96°$

○$+$●$=48°$

また，$\angle x+$○$+$●$=180°$ △DBCの内角の和

$\angle x=180°-($○$+$●$)$

$=180°-48°$

$=132°$ …答

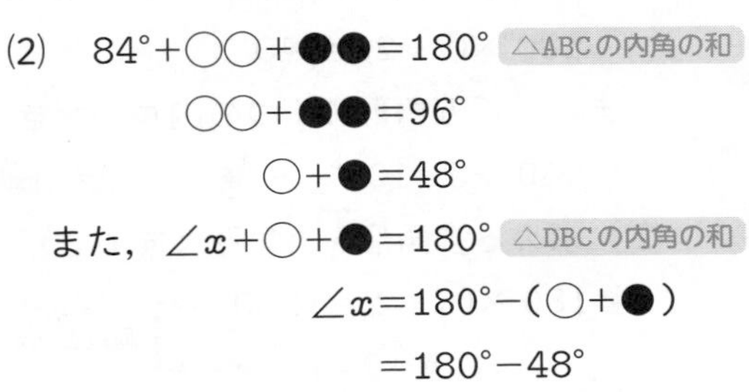

1 次の図で，$\ell /\!/ m$のとき，$\angle x$の大きさを求めなさい。

(1)

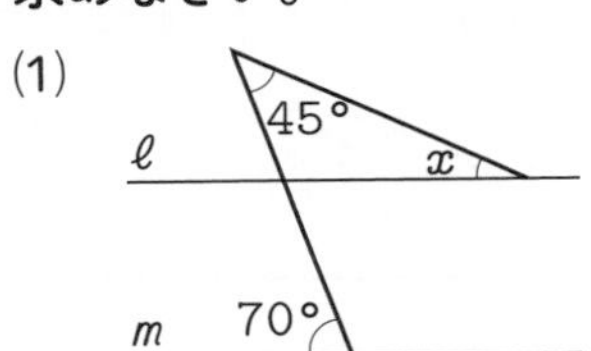

(2)

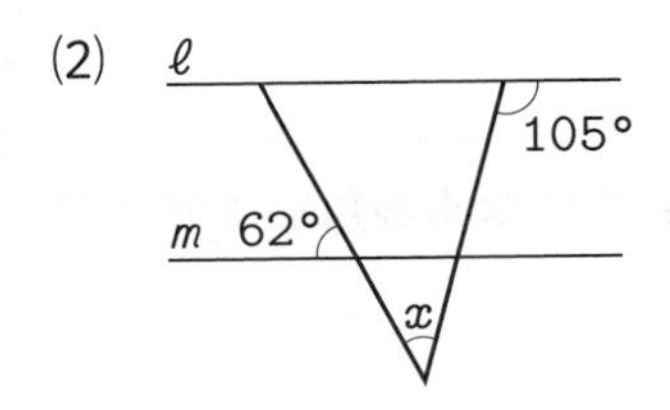

(3)

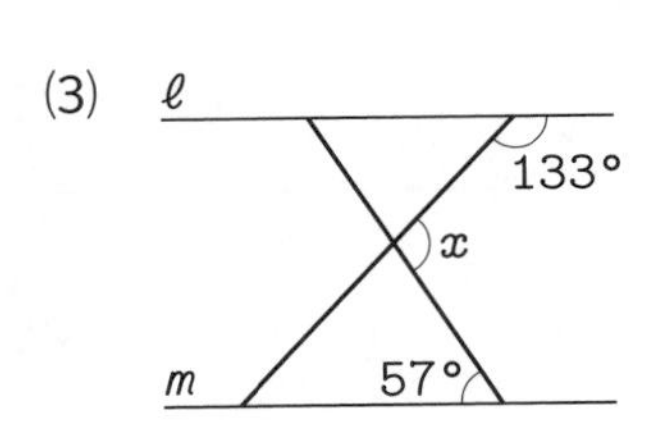

2 次の図で，点Dは$\angle$Bの二等分線と$\angle$Cの二等分線の交点である。このとき，$\angle x$の大きさを求めなさい。

(1)

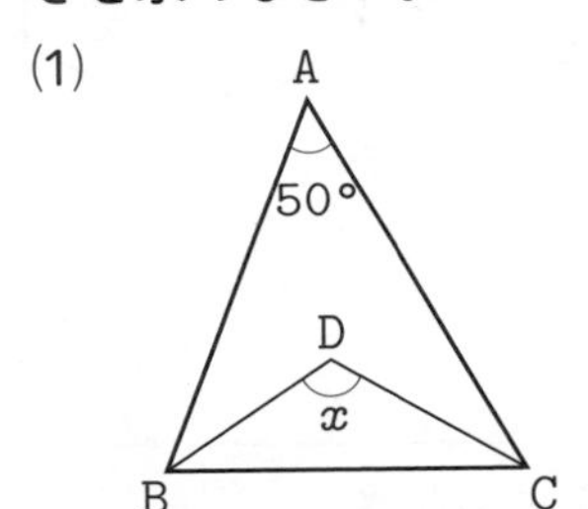

(2)

55 LEVEL ★★★★★ 多角形の内角

学習日　月　日
解答 p.30

例題 **次の問いに答えなさい。**

(1) 五角形の内角の和を求めなさい。また，正五角形の１つの内角の大きさを求めなさい。

(2) 内角の和が1260°である多角形は何角形か。

解 多角形の内角の和を求める公式を利用する。

〔多角形の内角の和〕
n角形の内角の和は，
$180°\times(n-2)$

(1) 五角形の内角の和は，公式に$n=5$を代入すると，

$180°\times(5-2)=$**540°**　…答

また，正五角形の１つの内角の大きさは，

$540°\div5=$**108°**　…答　　正多角形の内角の大きさはすべて等しい。

(2) 求める多角形をn角形とすると，

$180°\times(n-2)=1260°$

$n-2=7$　　両辺を180°でわる

$n=9$　　よって，**九角形**　…答

1 **次の問いに答えなさい。**

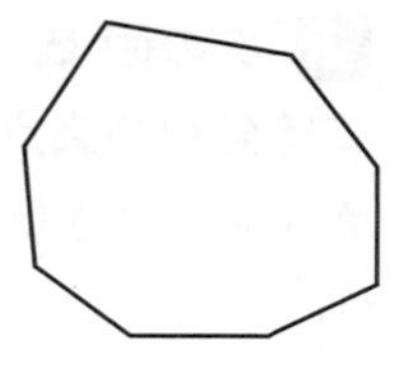

(1) 八角形は，１つの頂点から対角線をひくと，いくつの三角形に分けられるか。

(2) 八角形の内角の和を求めなさい。

(3) 正八角形の１つの内角の大きさを求めなさい。

2 **次の多角形の内角の和を求めなさい。**

(1) 六角形

(2) 十二角形

(3) 十七角形

3 **内角の和が次のようになる多角形は何角形か。**

(1) 900°

(2) 1980°

56 LEVEL ★★★★★★

多角形の内角と外角

学習日　　月　　日
解答 p.30

例題 **次の問いに答えなさい。**

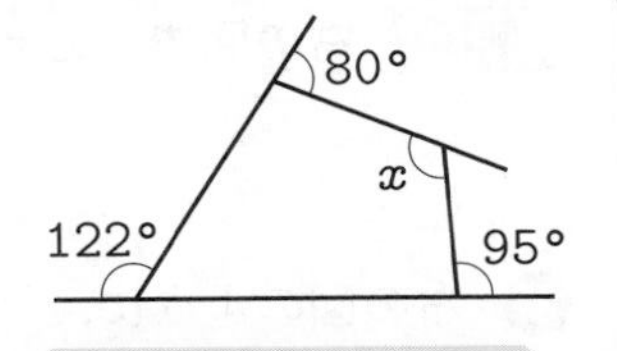

(1)　右の図で，$\angle x$の大きさを求めなさい。

(2)　正五角形の１つの外角の大きさを求めなさい。
また，１つの内角の大きさを求めなさい。

〔多角形の外角の和〕
多角形の外角の和は，360°

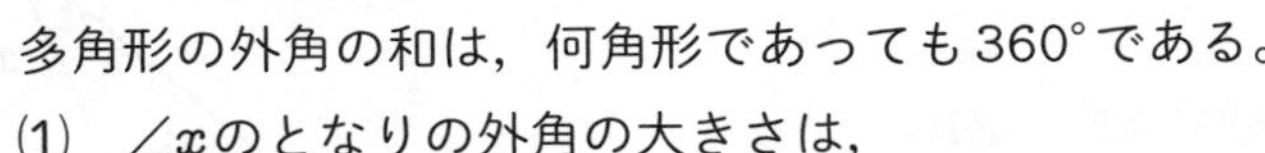

解　多角形の外角の和は，何角形であっても360°である。

(1)　$\angle x$のとなりの外角の大きさは，
360°−(80°+122°+95°)=63°
よって，$\angle x$=180°−63°=**117°**　…答

360°から，ほかの3つの外角の和をひく。
多角形のどの頂点においても，内角＋外角＝180°

(2)　正五角形の１つの外角の大きさは，
360°÷5=**72°**　…答
したがって，１つの内角の大きさは，
180°−72°=**108°**　…答

正多角形の外角の大きさはすべて等しいから，360°÷頂点の数で求められる。
p.60例題(1)のように，内角の和から求めることもできるが，ここでは，内角＋外角＝180°を利用するのが簡単。

1 **次の図で$\angle x$の大きさを求めなさい。**

(1)

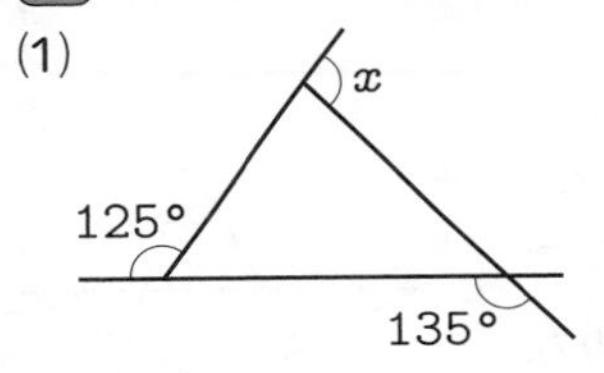

(2)

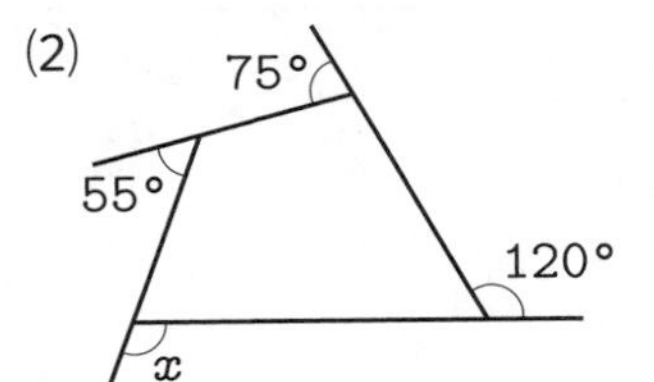

2 **次の図で$\angle x$の大きさを求めなさい。**

(1)

70°　x　130°　65°

(2)

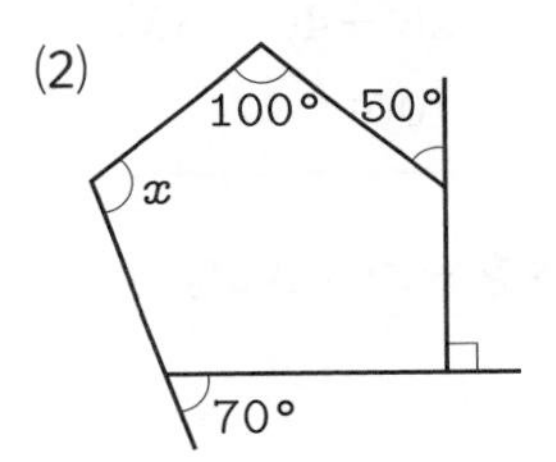

3 **次の問いに答えなさい。**

(1)　正九角形の１つの外角の大きさを求めなさい。

(2)　正十五角形の１つの内角の大きさを求めなさい。

(3)　１つの外角の大きさが20°の正多角形は，正何角形か。

4章　平行と合同

57 LEVEL ★★★★★

複雑な図形の角

学習日　　月　　日
解答 p.31

例題 右の図で，$\angle x$の大きさを求めなさい。

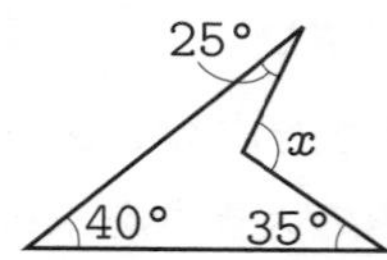

解 右の図のように，$\angle x$の辺を延長して2つの三角形に分ける。

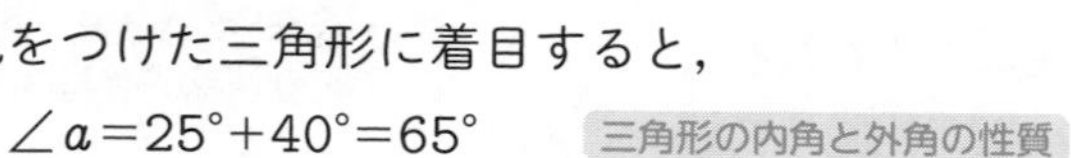

色をつけた三角形に着目すると，

$\angle a=25°+40°=65°$　三角形の内角と外角の性質

もう1つの三角形に着目すると，

$\angle x=\angle a+35°=65°+35°=100°$　…答

（別解）右の図のように，40°の角の頂点と$\angle x$の頂点を通る直線をひいて2つの三角形に分ける。三角形の内角と外角の性質より，

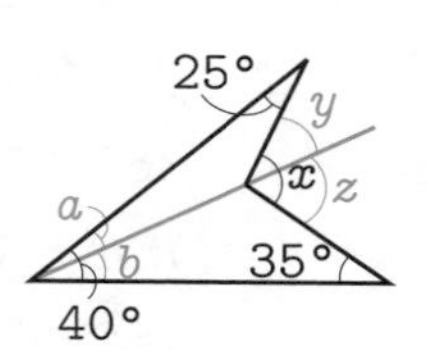

$\angle y=25°+\angle a$，$\angle z=\angle b+35°$より，

$\angle x=\angle y+\angle z=25°+\underline{\angle a+\angle b}+35°$ （$\angle a+\angle b$ → 40°）

$=25°+40°+35°$

$=100°$

1 次の図で$\angle x$の大きさを求めなさい。

(1)

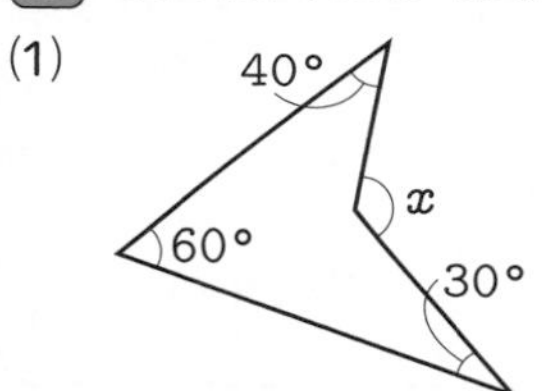

(2)

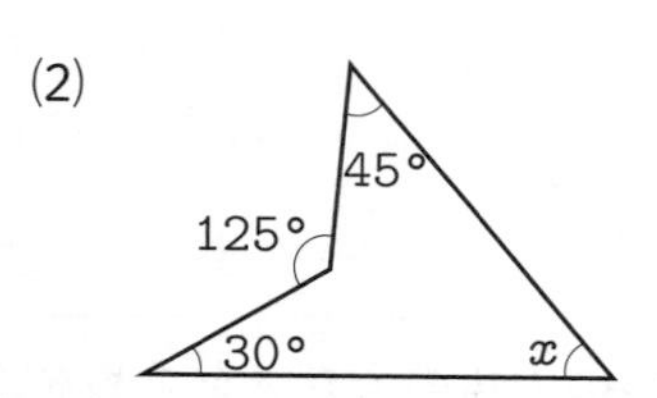

(3)

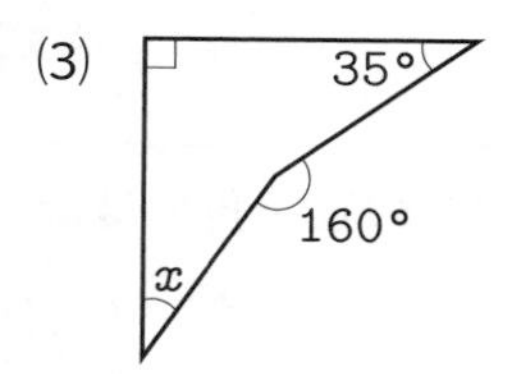

2 右の図で，$\angle a$～$\angle e$の5つの角の和を，次の手順にしたがって求めなさい。

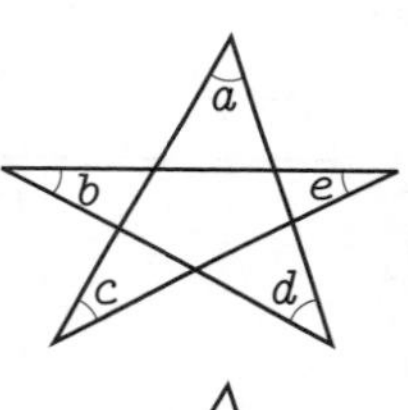

(1) 右の図のかげをつけた三角形に着目して，次の□にあてはまる記号を書きなさい。

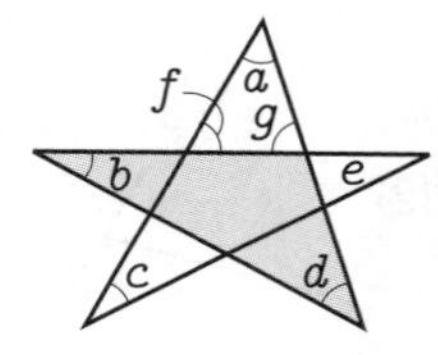

$\angle b+\angle d=\angle$ □

(2) 右の図のかげをつけた三角形に着目して，次の□にあてはまる記号を書きなさい。

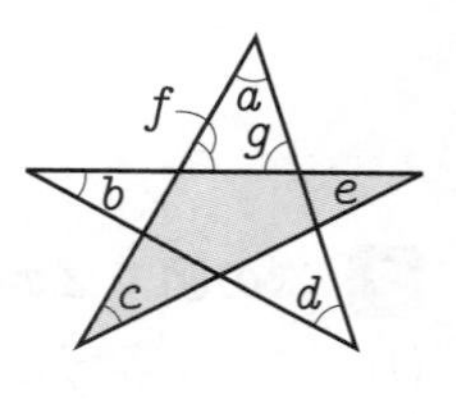

$\angle c+\angle e=\angle$ □

(3) $\angle a$～$\angle e$の5つの角の和を求めなさい。

58 LEVEL ★☆☆☆☆ 合同な図形の性質

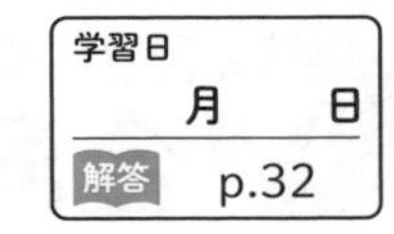

例題 **右の図の２つの四角形は合同で，対応する頂点はAとE，BとF，CとG，DとHである。**

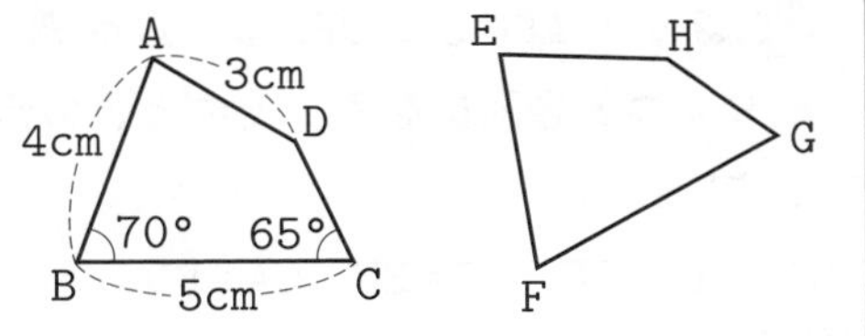

(1)　２つの四角形が合同であることを，記号≡を使って表しなさい。

(2)　辺EHの長さを求めなさい。

(3)　∠Gの大きさを求めなさい。

解　対応する頂点とは，２つの四角形をぴったり重ねたときに重なり合う頂点のこと。

(1)　記号≡を使って合同を表すときは，対応する頂点を同じ順に並べるから，
四角形ABCD≡四角形EFGH　…(答)

(2)　辺EHと対応する辺は辺ADだから，３cm　…(答)

(3)　∠Gと対応する角は∠Cだから，65°　…(答)

〔合同な図形の性質〕
・対応する線分の長さはそれぞれ等しい。
・対応する角の大きさはそれぞれ等しい。

1 **次の図について，あとの問いに答えなさい。**

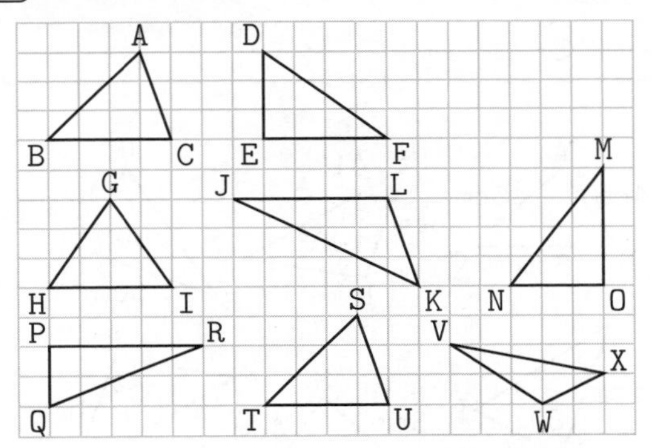

(1)　△ABCと合同な三角形を見つけ，記号≡を使って表しなさい。

(2)　△DEFと合同な三角形を見つけ，記号≡を使って表しなさい。

2 **次の図の２つの四角形は合同で，対応する頂点はAとE，BとH，CとG，DとFである。**

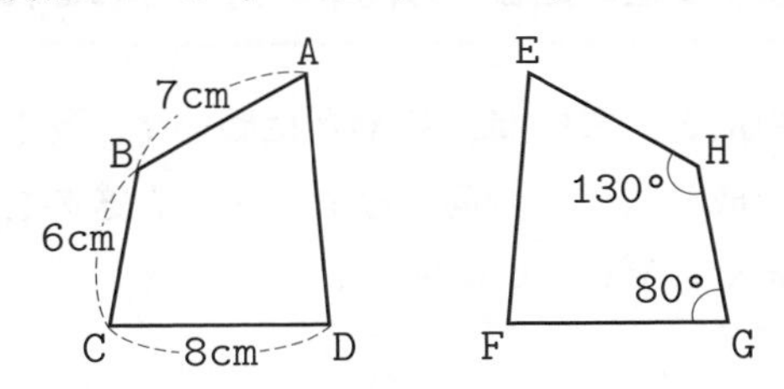

(1)　２つの四角形が合同であることを，記号≡を使って表しなさい。

(2)　辺FGの長さを求めなさい。

(3)　∠Bの大きさを求めなさい。

LEVEL ★★★★★

59 合同条件を使う

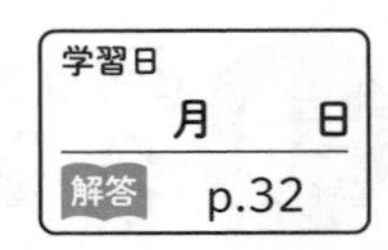

例題 △ABC と △DEF は，辺や角について，次の条件が成り立つと合同になる。そのときの合同条件をそれぞれいいなさい。

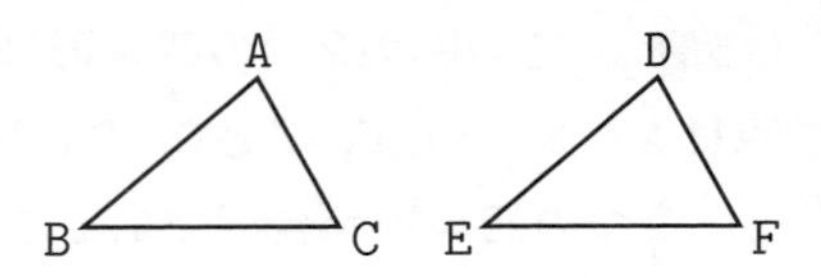

(1) AB＝DE，BC＝EF，CA＝FD

(2) AB＝DE，BC＝EF，∠B＝∠E

(3) BC＝EF，∠B＝∠E，∠C＝∠F

解 辺や角を図で確認しながら，合同条件にあてはめる。

(1)
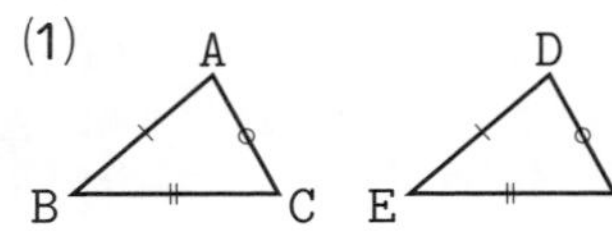

(2)
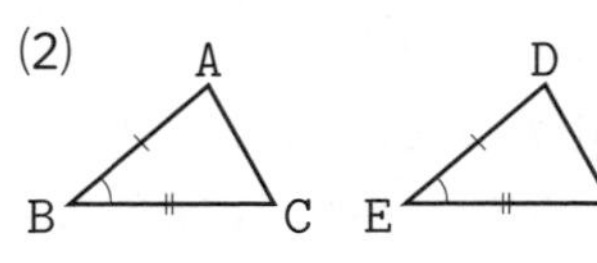

(3)
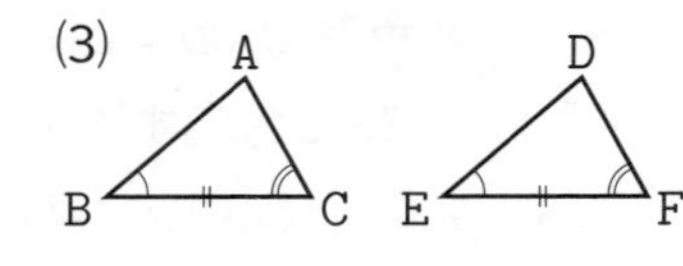

(1) 3組の辺がそれぞれ等しい。 …答

(2) 2組の辺とその間の角がそれぞれ等しい。 …答

(3) 1組の辺とその両端の角がそれぞれ等しい。 …答

三角形の合同条件はしっかり覚えておく。

1 △PQR と △STU は，辺や角について，あとの条件が成り立つと合同になる。そのときの合同条件をそれぞれいいなさい。

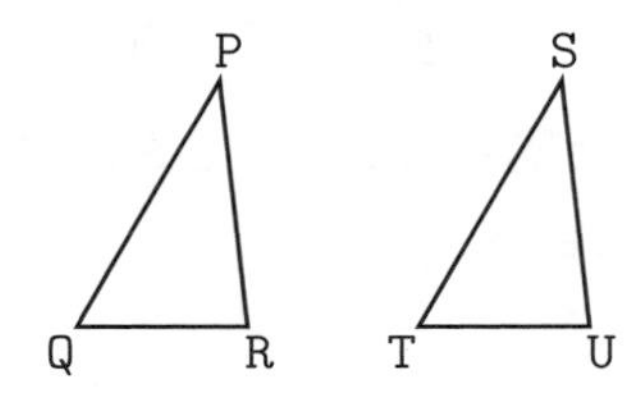

(1) PQ＝ST，PR＝SU，∠P＝∠S

(2) PQ＝ST，∠P＝∠S，∠Q＝∠T

(3) PQ＝ST，QR＝TU，RP＝US

2 次の図で，合同な三角形を3組見つけ，記号≡を使って表しなさい。また，そのときに使った合同条件をいいなさい。

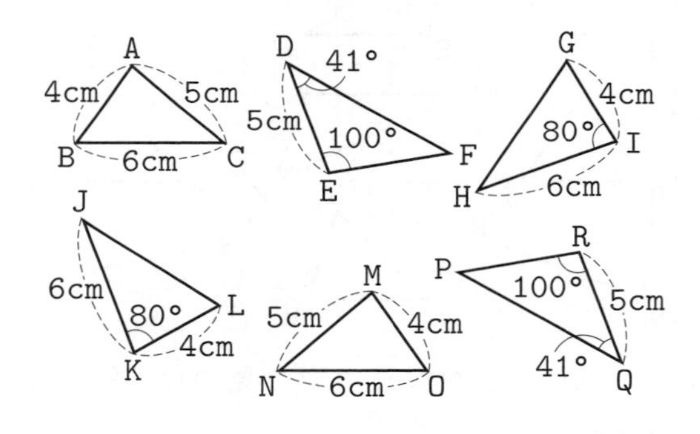

合同な三角形

合同条件

合同な三角形

合同条件

合同な三角形

合同条件

60 LEVEL ★★★☆☆

合同になるかを調べる

学習日　月　日
解答 p.33

例題 次の図で，合同な三角形の組を，記号≡を使って表しなさい。また，そのときに使った合同条件をいいなさい。ただし，それぞれの図で，同じ印をつけた辺や角は等しいものとする。

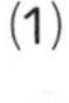
(1)

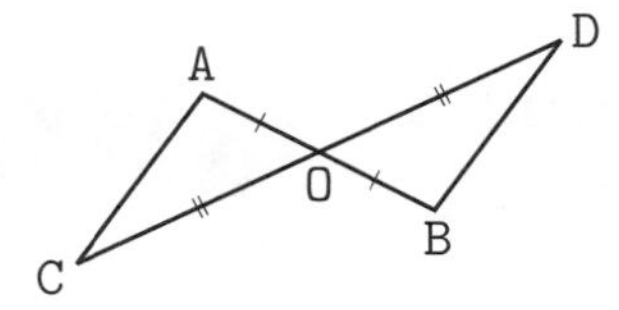

(2)

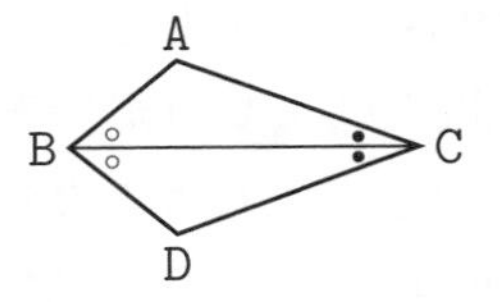

解 等しい辺や角を調べる。共通な辺や角，対頂角などは等しい辺，角となる。

(1) 合同な三角形の組…△OAC≡△OBD …答
合同条件…**2組の辺とその間の角がそれぞれ等しい。** …答

OA=OB，OC=OD，
∠AOC=∠BOD(対頂角)

(2) 合同な三角形の組…△ABC≡△DBC …答
合同条件…**1組の辺とその両端の角がそれぞれ等しい。** …答

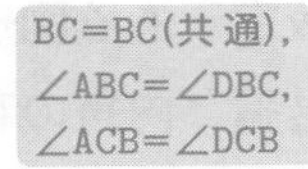
BC=BC(共通)，
∠ABC=∠DBC，
∠ACB=∠DCB

1 次の図で，合同な三角形の組を，記号≡を使って表しなさい。また，そのときに使った合同条件をいいなさい。ただし，それぞれの図で，同じ印をつけた辺や角は等しいものとする。

(1)

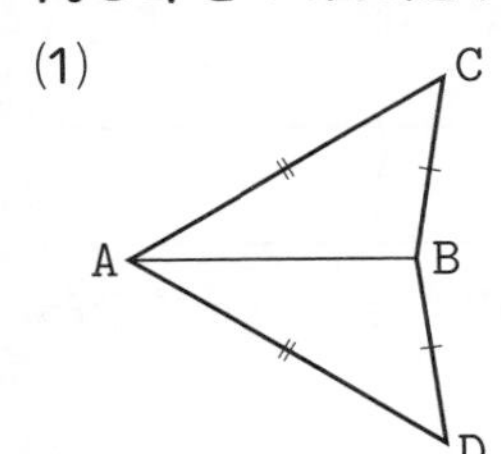

合同な三角形 ＿＿＿＿＿＿

合同条件 ＿＿＿＿＿＿

(2)

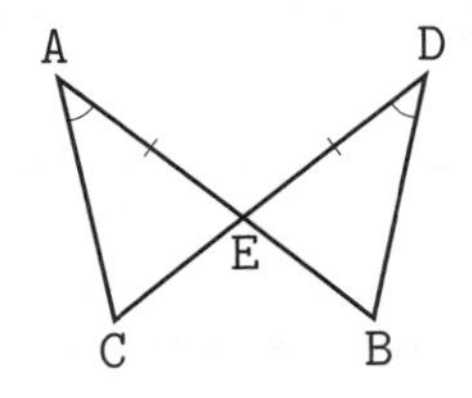

合同な三角形 ＿＿＿＿＿＿

合同条件 ＿＿＿＿＿＿

2 AさんとBさんが，次の条件で三角形をかくとき，2人がかく三角形はかならず合同になるといえるか。かならず合同になるといえるものに○，そうでないものに×を書きなさい。

(1) 底辺が5cmで高さが3cmの三角形

＿＿＿＿＿＿

(2) 1辺の長さが3cmの正三角形

＿＿＿＿＿＿

(3) 2辺の長さが4cmと5cmの直角三角形

＿＿＿＿＿＿

(4) 1辺の長さが6cmで2つの内角が30°と50°の三角形

＿＿＿＿＿＿

61 LEVEL ★★★☆☆ 仮定と結論①

学習日　月　日
解答 p.33

例題　次のことがらについて，仮定と結論をいいなさい。

(1) △ABC≡△DEFならば，BC＝EF

(2) 四角形の内角の和は360°である。

解　「○○○ならば□□□」という形で表されることがらで，「ならば」の前の「○○○」を仮定，「ならば」のあとの「□□□」を結論という。

○○○ならば□□□
仮定　結論

(1) 仮定　△ABC≡△DEF
結論　BC＝EF　…答

「ならば」の前は「△ABC≡△DEF」，「ならば」のあとは「BC＝EF」

(2) 「ならば」がないときは，「ならば」を入れた文にいいかえる。
「ある図形が四角形であるならば，内角の和は360°である。」
仮定　**ある図形が四角形である。**
結論　**内角の和は360°である。**　…答

自然な文になるように，ことばをおぎなうとよい。

1 次のことがらについて，仮定と結論をいいなさい。

(1) △ABC≡△DEFならば，∠A＝∠D

仮定＿＿＿＿

結論＿＿＿＿

(2) $a=b$ならば，$a-c=b-c$

仮定＿＿＿＿

結論＿＿＿＿

(3) $\ell /\!/ m$，$m /\!/ n$ならば，$\ell /\!/ n$

仮定＿＿＿＿

結論＿＿＿＿

(4) xが8の倍数ならば，xは4の倍数である。

仮定＿＿＿＿

結論＿＿＿＿

2 次のことがらについて，仮定と結論をいいなさい。

(1) $a=b$，$b=c$のとき，$a=c$

仮定＿＿＿＿

結論＿＿＿＿

(2) 正三角形の1つの内角の大きさは60°である。

仮定＿＿＿＿

結論＿＿＿＿

(3) 偶数と奇数の和は奇数である。

仮定＿＿＿＿

結論＿＿＿＿

(4) 1辺が$a$cmの正方形の周の長さは$4a$cmである。

仮定＿＿＿＿

結論＿＿＿＿

LEVEL ★★★☆☆

62 仮定と結論②

学習日　　月　　日
解答 p.34

例題 **右の図で，線分ABと線分CDの交点をOとする。AO＝BO，∠OAC＝∠OBDのとき，AC＝BDとなることについて，次の問いに答えなさい。**

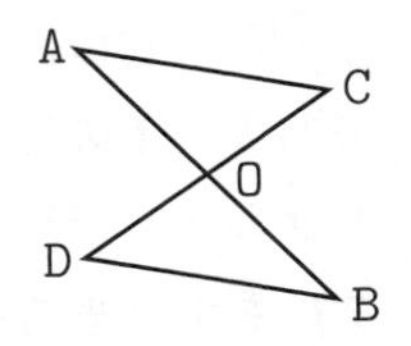

(1) 仮定と結論をいいなさい。

(2) 結論を導くには，どの三角形とどの三角形の合同をいえばよいか。

解 仮定から結論を導くことを証明という。証明では，仮定は「与えられてわかっていること」，結論は「仮定から導こうとしていること」ということもできる。

証明とは
仮定から出発し，すでに正しいと認められていることがらを根拠として，結論を導くこと。

(1) 「ならば」を入れた文にすると，「AO＝BO，∠OAC＝∠OBDならば，AC＝BD」
したがって，仮定　AO＝BO，∠OAC＝∠OBD
結論　AC＝BD　…答

(2) △AOC≡△BODが成り立てば，対応するACとBDは等しいといえる。よって，△AOCと△BOD　…答

結論がAC＝BDだから，ACとBDをそれぞれ1辺にもつ三角形をさがす。

1 **次の図で，線分ABと線分CDの交点をEとする。AE＝CE，DE＝BEのとき，AD＝CBとなることについて，次の問いに答えなさい。**

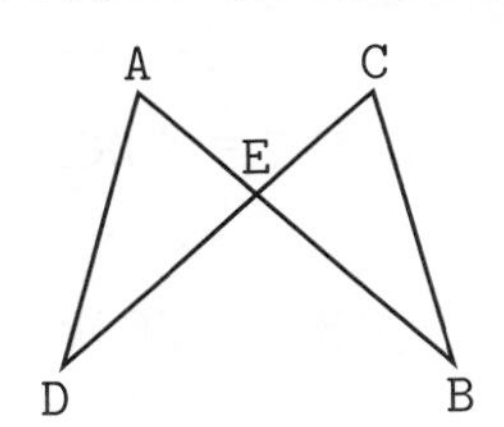

(1) 仮定と結論をいいなさい。

仮定＿＿＿＿＿＿＿＿

結論＿＿＿＿＿＿＿＿

(2) 仮定から結論を導くには，どの三角形とどの三角形の合同をいえばよいか。

＿＿＿＿＿＿＿＿

2 **次の図で，△ABCの内部に点Dをとって，DとA，B，Cをそれぞれ結ぶ。AB＝AC，BD＝CDのとき，∠BAD＝∠CADとなることについて，次の問いに答えなさい。**

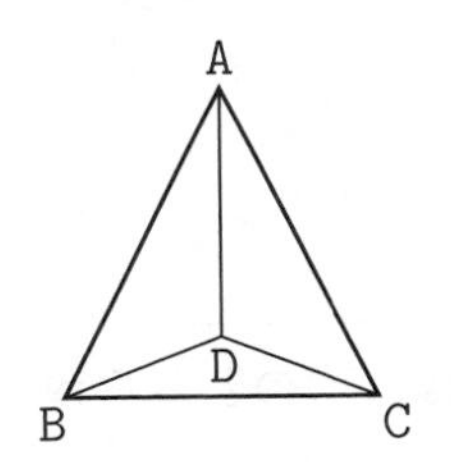

(1) 仮定と結論をいいなさい。

仮定＿＿＿＿＿＿＿＿

結論＿＿＿＿＿＿＿＿

(2) 仮定から結論を導くには，どの三角形とどの三角形の合同をいえばよいか。

＿＿＿＿＿＿＿＿

63 証明の仕組み

LEVEL ★★★★☆

学習日　月　日
解答 p.34

例題 右は，p.67の 例題 のことがらである。下の図は，このことを証明（しょうめい）するときのすじ道を表したものである。
アにあてはまる式を答えなさい。

右の図で，線分ABと線分CDの交点をOとする。
AO＝BO，∠OAC＝∠OBDのとき，AC＝BDとなる。

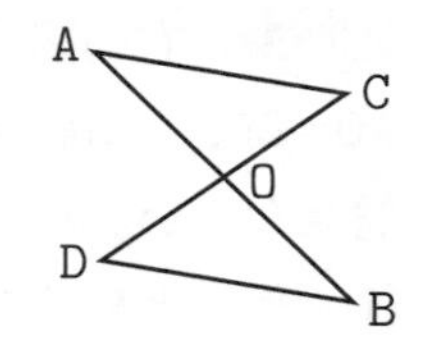

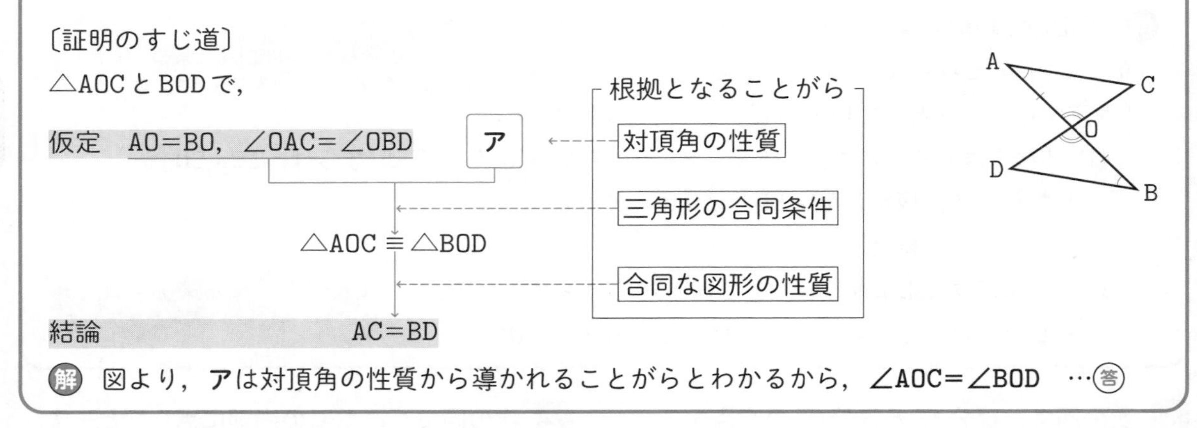

解 図より，アは対頂角の性質から導かれることがらとわかるから，∠AOC＝∠BOD …答

1 上の例題で，証明の根拠として使うことがらについて，次の問いに答えなさい。

(1) 使う三角形の合同条件を書きなさい。

(2) 使う合同な図形の性質は，次のどちらか。

ア　対応する線分の長さは等しい。

イ　対応する角の大きさは等しい。

2 下の図で，AB＝DC，AC＝DBのとき，∠BAC＝∠CDBとなる。右上の図は，このことを証明するときのすじ道を表したものである。

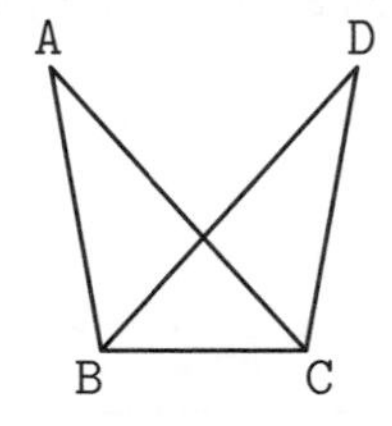

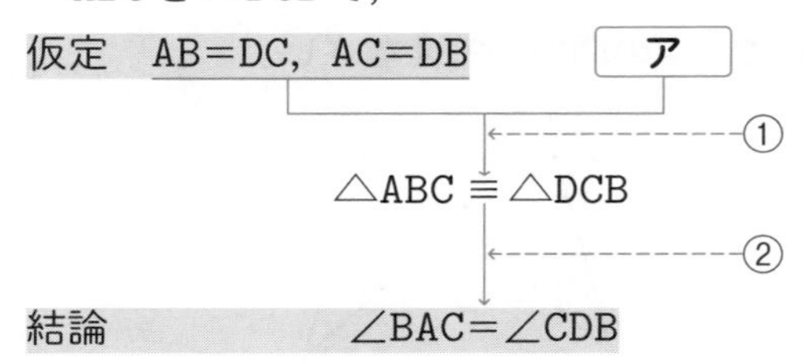

(1) ア にあてはまる式を書きなさい。

(2) ①で根拠として使う三角形の合同条件を書きなさい。

(3) ②で根拠として使う合同な図形の性質を書きなさい。

64 LEVEL ★★★★★ 証明の進め方①

学習日　　月　　日
解答 p.34

例題 **右の図の四角形ABCDで，AB＝CB，AD＝CDのとき，∠ADB＝∠CDBとなることを証明したい。**

(1) 仮定と結論を書きなさい。

(2) 結論を導くには，どの三角形とどの三角形の合同をいえばよいか。

(3) (2)の２つの三角形について，長さが等しい辺や大きさが等しい角を答えなさい。

(4) (2)の三角形の合同を示すときに使う三角形の合同条件を書きなさい。

解 (1)〜(4)を順に考えて，証明の見通しを立てる。(3)では図に印をつけて考えるとよい。

(1) 仮定　AB＝CB，AD＝CD

結論　∠ADB＝∠CDB　…答

「ならば」を入れた文にすると，「AB＝CB，AD＝CDならば，∠ADB＝∠CDB」

(2) △ABDと△CBD　…答

∠ADBと∠CDBをそれぞれ１つの角にもつ。

(3) AB＝CB，AD＝CD，BD＝BD　…答

AB＝CB，AD＝CDは仮定。BDは共通。

(4) ３組の辺がそれぞれ等しい。　…答

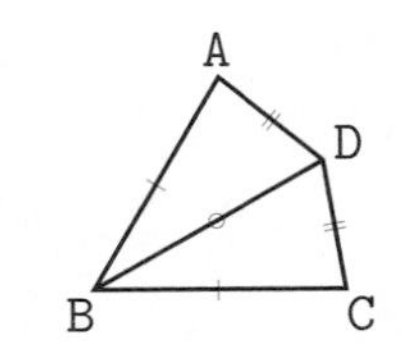

4章 平行と合同

1 **上の例題のことがらの証明は，例題で考えたことをもとに，次のように書くことができる。[ア]〜[エ]にあてはまるものを書きなさい。**

〔証明〕 △ABDと△CBDで，

仮定より，　AB＝CB　…①

AD＝[ア]　…②

共通だから，BD＝[イ]　…③

①，②，③より，[ウ]がそれぞれ等しいから，

△ABD ≡ △CBD

合同な図形の対応する角の大きさは等しいから，

[エ]

ア＿＿＿＿＿＿　イ＿＿＿＿＿＿

ウ＿＿＿＿＿＿＿＿＿＿＿＿

エ＿＿＿＿＿＿＿＿＿＿＿＿

2 **右の図で，AB＝AD，AC＝AEのとき，BC＝DEとなることを証明する。[ア]〜[エ]にあてはまるものを書きなさい。**

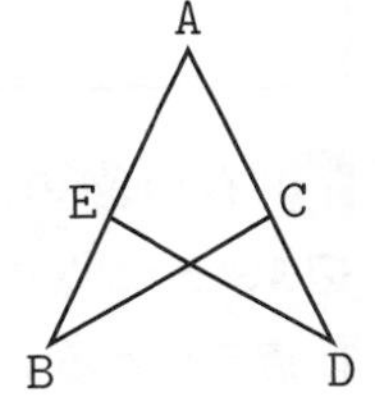

〔証明〕 △ABCと△ADEで，

仮定より，　AB＝AD　…①

AC＝[ア]　…②

共通だから，∠BAC＝[イ]　…③

①，②，③より，[ウ]がそれぞれ等しいから，

△ABC ≡ △ADE

合同な図形の対応する辺の長さは等しいから，

[エ]

ア＿＿＿＿＿＿　イ＿＿＿＿＿＿

ウ＿＿＿＿＿＿＿＿＿＿＿＿

エ＿＿＿＿＿＿＿＿＿＿＿＿

65 LEVEL ★★★★★ 証明の進め方②

学習日　　月　　日
解答 p.35

例題 右の図で，$\ell /\!/ m$である。直線ℓ上に2点A，B，直線m上に2点C，Dを，線分ACと線分BDが交わるようにとり，その交点をEとする。AB＝CDのとき，AE＝CEとなることを証明しなさい。

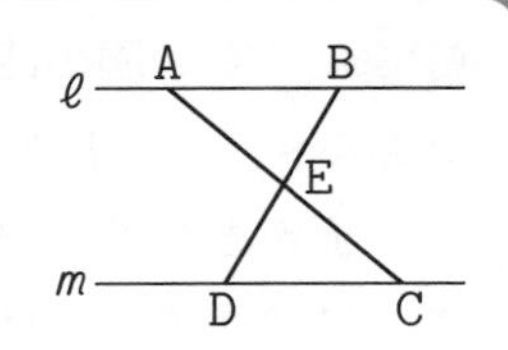

解 仮定と結論は何か，どの三角形の合同をいえばよいかなど，見通しを立ててから書く。

〔証明〕 △AEBと△CEDで，　　対象となる2つの三角形を書く。

仮定より，　AB＝CD　　…①

$\ell /\!/ m$より，平行線の錯角は等しいから，

∠ABE＝∠CDE　…②

∠BAE＝∠DCE　…③

（仮定（$\ell /\!/ m$，AB＝CD）や，仮定から導かれることなど，等しい辺や角を，その根拠とともに書く。）

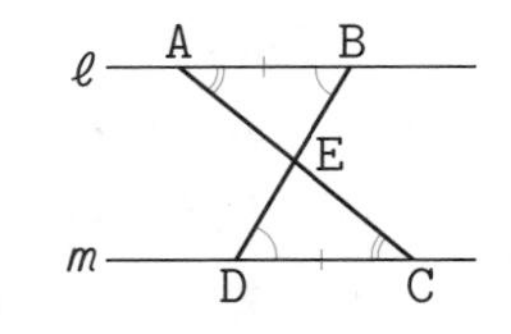

①，②，③より，1組の辺とその両端の角がそれぞれ等しいから，　　三角形の合同条件

△AEB≡△CED

合同な図形の対応する辺の長さは等しいから，　　合同な図形の性質

AE＝CE　　結論（AE＝CE）

1 右の図の△ABCで，辺AB上に点D，辺BC上に点Eをとる。
∠ACD＝∠ECD，
∠CDA＝∠CDEのとき，
AC＝ECとなることを次のように証明する。この証明を完成させなさい。

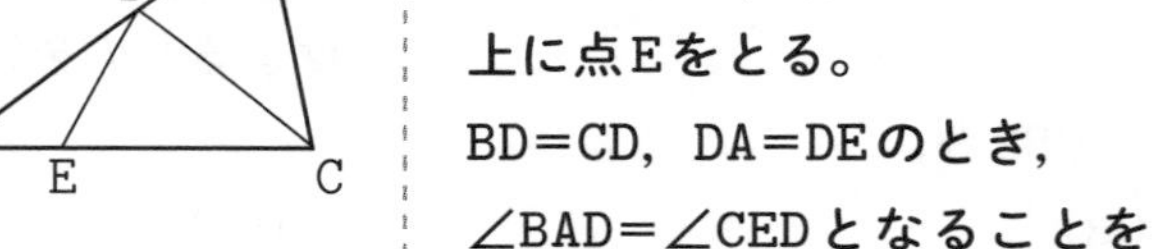

〔証明〕 △ADCと△EDCで，

仮定より，∠ACD＝∠ECD　…①

∠CDA＝∠CDE　…②

合同な図形の対応する辺の長さは等しいから，

AC＝EC

2 右の図の△ABCで，辺AC上に点D，線分BDの延長上に点Eをとる。
BD＝CD，DA＝DEのとき，
∠BAD＝∠CEDとなることを証明しなさい。

〔証明〕

66 LEVEL ★★★★★ 証明の根拠

学習日　月　日
解答 p.35

例題 **右の図で，AB//CD，BE＝CEのとき，△ABE≡△DCEとなる。このことを証明するとき，示すことがらは次のようになる。①～③の根拠としてあてはまるものを，それぞれア～エから選びなさい。**

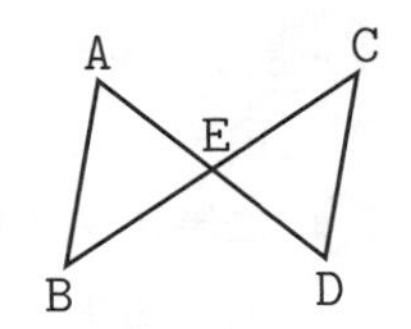

〔証明で示すことがら〕
△ABEと△DCEで，
BE＝CE　…①
∠ABE＝∠DCE　…②
∠AEB＝∠DEC　…③
これらより，△ABE≡△DCE

根拠
ア　対頂角は等しい。
イ　平行線の同位角，錯角は等しい。
ウ　三角形の内角の和は180°である。外角は，そのとなりにない2つの内角の和に等しい。
エ　その他

解 **ア～ウ**は，証明の根拠としてよく使われる。**ア**は対頂角の性質，**イ**は平行線の性質，**ウ**は三角形の内角と外角の性質である。
①　仮定として与えられたものだから，**エ**　…答
②　∠ABEと∠DCEは錯角だから，**イ**　…答　　③　**ア**　…答

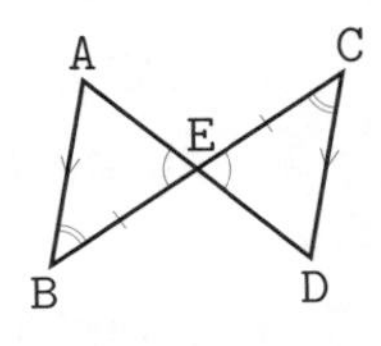

1 **右の図で，AB＝DB，∠ACD＝∠DEAのとき，AC＝DEとなる。このことを証明するときに示すことがらは次のようになる。①～③の根拠としてあてはまるものを，それぞれ上の例題のア～エから選びなさい。**

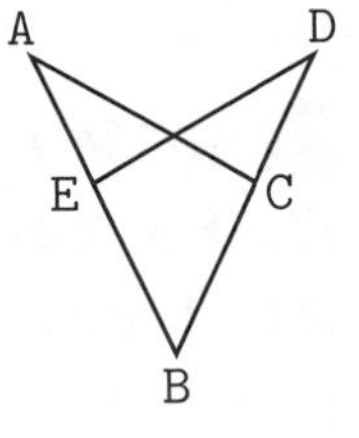

〔証明で示すことがら〕
△ABCと△DBEで，
AB＝DB　…①
∠ABC＝∠DBE　…②
∠BAC＝∠BDE　…③
これらより，△ABC≡△DBE
これより，AC＝DE

①＿＿＿＿　②＿＿＿＿　③＿＿＿＿

2 **右の図で，CE＝BE，∠ACE＝∠DBEのとき，AC＝DBとなる。このことを証明するときに示すことがらを次のように考えた。**

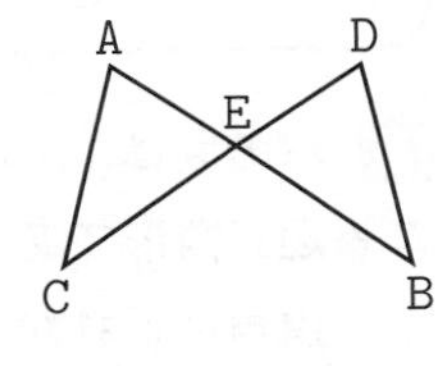

〔証明で示すことがら〕
△ACEと△DBEで，
CE＝BE　…①
∠ACE＝∠DBE　…②
AC＝DB　…③
これらより，△ACE≡△DBE
これより，AC＝DB

しかし，この考えにはまちがいがある。
①～③のうち，まちがっている式の番号と正しい式を答えなさい。

番号＿＿＿＿　正しい式＿＿＿＿＿＿＿＿

LEVEL ★★☆☆☆

67 二等辺三角形の性質①

学習日　月　日　解答 p.36

例題 AB＝ACの二等辺三角形について，次の問いに答えなさい。

(1) 頂角(ちょうかく)，底辺(ていへん)，底角(ていかく)はそれぞれどれか。　(2) ∠B＝∠Cであることを証明しなさい。

解 二等辺三角形は，2つの辺が等しい三角形である。(定義(ていぎ))　使うことばの意味をはっきり述べたもの

(1) 頂角は，∠A …㊟　等しい2辺の間の角

底辺は，BC …㊟　頂角に対する辺

底角は，∠B，∠C …㊟　底辺の両端の角

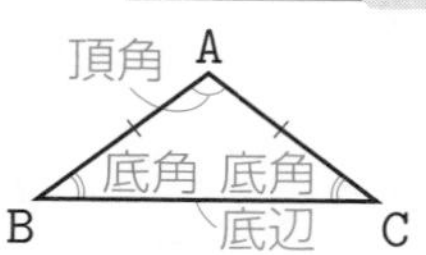

(2) 〔証明〕 ∠Aの二等分線をひき，BCとの交点をDとする。

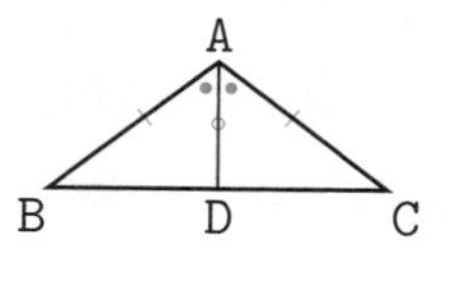

△ABDと△ACDで，

仮定より，　AB＝AC　…①

ADは∠Aの二等分線だから，

∠BAD＝∠CAD　…②

共通だから，AD＝AD　…③

①，②，③より，2組の辺とその間の角がそれぞれ等しいから，

△ABD ≡ △ACD

合同な図形の対応する角は等しいから，

∠B＝∠C

(2)の証明は，どんな二等辺三角形についても成り立つので，次のことがいえる。

二等辺三角形の底角は等しい　(定理(ていり))

証明されたことがらのうち，基本になるもの

1 右の図は，AC＝BCの二等辺三角形である。

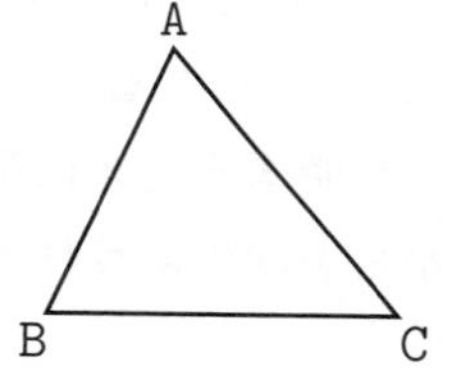

(1) 頂角はどれか。

(2) 底辺はどれか。

(3) 底角はどれか。

2 次の□にあてはまることばを書き入れなさい。

(1) 二等辺三角形の定義は，

「□が等しい三角形」である。

(2) 「二等辺三角形の□は等しい」は，二等辺三角形についての定理である。

3 右の図は，AB＝ACの二等辺三角形である。辺BC上に2点D，EをBD＝CEとなるようにとると，△ABD≡△ACEとなることを証明する。□にあてはまるものを書き入れて，証明を完成させなさい。

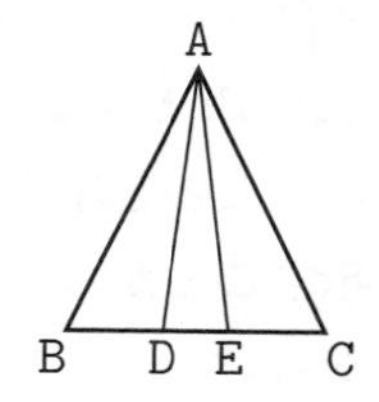

〔証明〕 △ABDと△ACEで，

仮定より，　AB＝AC　…①

BD＝□　…②

二等辺三角形の底角は等しいから，

∠ABD＝□　…③

①，②，③より，□

がそれぞれ等しいから，

□

LEVEL ★★☆☆☆

68 二等辺三角形の角度

学習日　　月　　日

解答 p.37

例題 次の図で，同じ印をつけた辺の長さは等しいとして，$\angle x$の大きさを求めなさい。

(1)

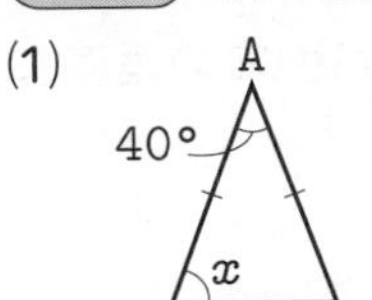

(2)

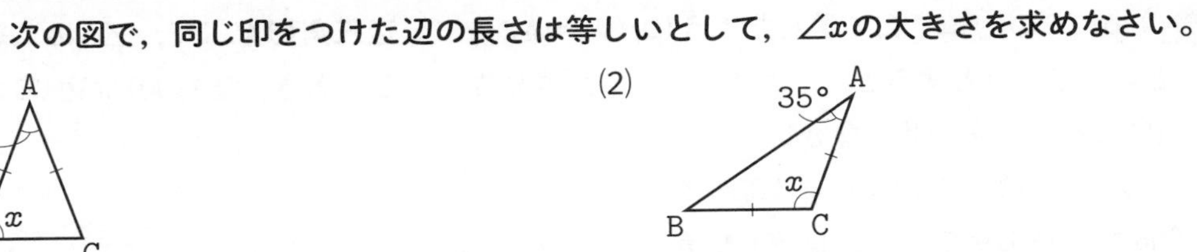

解 三角形の内角の和は180°であることと，二等辺三角形の底角は等しいことを利用する。

(1) $\angle x=(180°-40°)\div2$ 　∠B=∠C

$=70°$ …答

(2) $\angle x=180°-35°\times2$

$=110°$ …答

1 次の図で，同じ印をつけた辺の長さは等しいとして，$\angle x$の大きさを求めなさい。

(1)

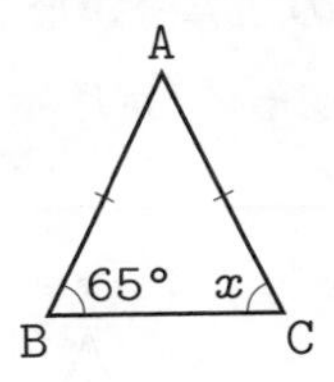

(2)

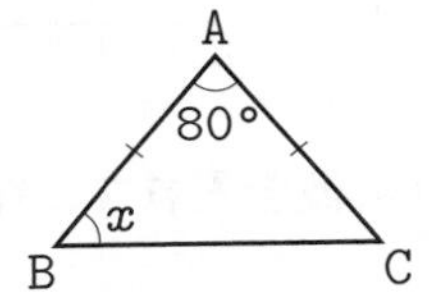

(3)

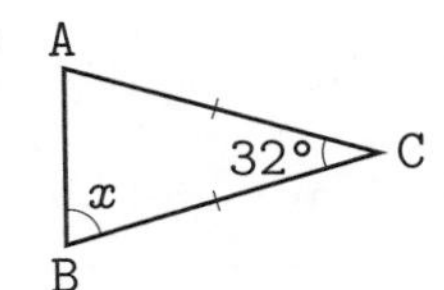

(4)

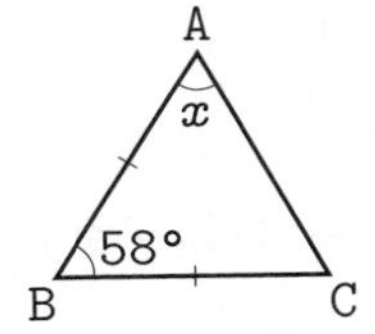

2 次の図で，同じ印をつけた辺の長さは等しいとして，$\angle x$の大きさを求めなさい。

(1)

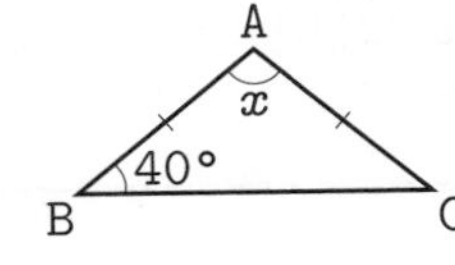

(2)

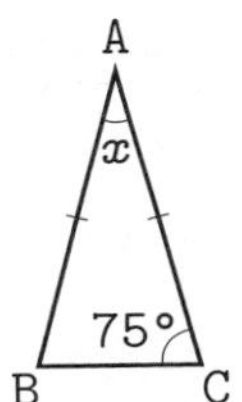

(3)

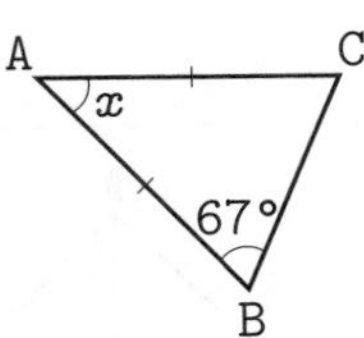

(4)

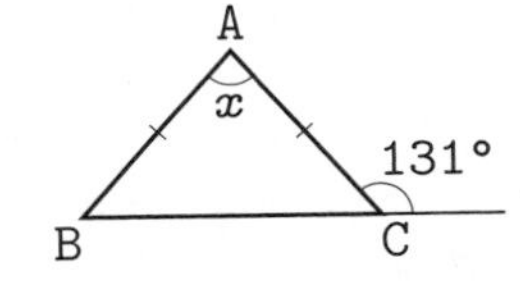

69 LEVEL ★★★★★

二等辺三角形の性質②

学習日　月　日　解答 p.37

例題 p.72の 例題 (2)で学んだように，AB＝ACの二等辺三角形ABCで，∠Aの二等分線と辺BCとの交点をDとすると，△ABD≡△ACDが成り立つ。このとき，直線ADは辺BCの垂直二等分線になることを証明しなさい。

解 〔証明〕 右の△ABCで，△ABD≡△ACDより，

合同な図形の対応する辺は等しいから，　BD＝CD　…①

合同な図形の対応する角は等しいから，∠ADB＝∠ADC　…②

また，　∠ADB＋∠ADC＝180°　…③

②，③より，　2∠ADB＝180°

したがって，∠ADB＝90°だから，　AD⊥BC　…④

①，④より，**直線ADは辺BCの垂直二等分線になる。**

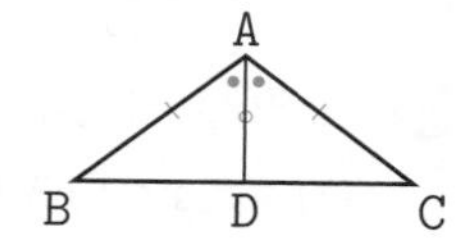

この証明から，右の定理を得ることができる。
この定理も，証明の根拠（こんきょ）としてこれから使ってよい。

二等辺三角形の頂角の二等分線は，底辺を垂直に2等分する　（定理）

1 右の図の△ABCで，∠Aの二等分線と辺BCとの交点をDとする。

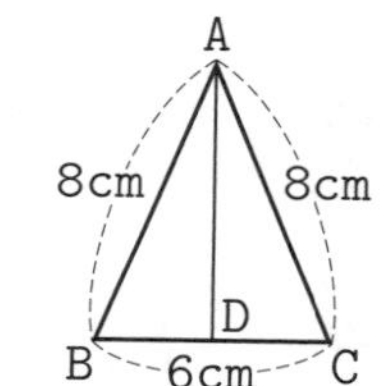

(1) ∠ADBの大きさを求めなさい。

(2) 線分BDの長さを求めなさい。

2 右の図の△ABCで，同じ印をつけた線分の長さや角の大きさは等しいとする。

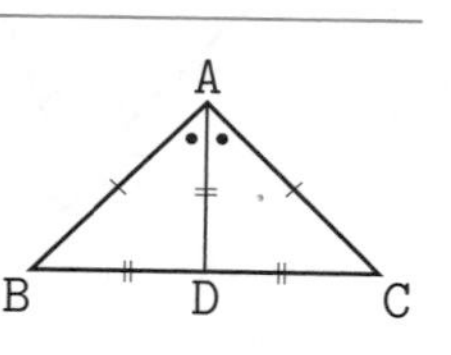

(1) ∠ABDの大きさを求めなさい。

(2) ∠BACの大きさを求めなさい。

3 右の図は，AB＝ACの二等辺三角形である。辺BCの中点をDとすると，線分ADは∠Aの二等分線になることを証明する。

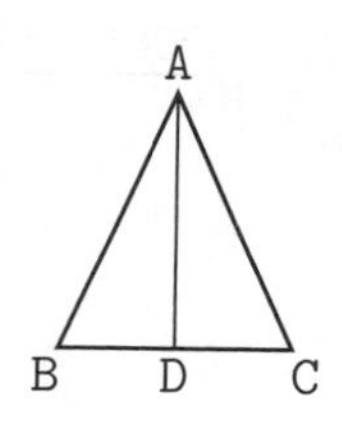

□にあてはまるものを書き入れて，証明を完成させなさい。

〔証明〕 △ABDと△ACDで，

仮定より，　AB＝AC　…①

BD＝□　…②

共通だから，AD＝□　…③

①，②，③より，□

がそれぞれ等しいから，

△ABD≡△ACD

合同な図形の対応する角は等しいから，

∠BAD＝□

よって，線分ADは∠Aの二等分線になる。

70 LEVEL ★★★★★ 正三角形

例題 右の図で，△ABCは正三角形である。辺BC上に点Dをとり，ADを1辺とする正三角形ADEを，ACとDEが交わるようにつくる。このとき，BD＝CEとなることを証明しなさい。

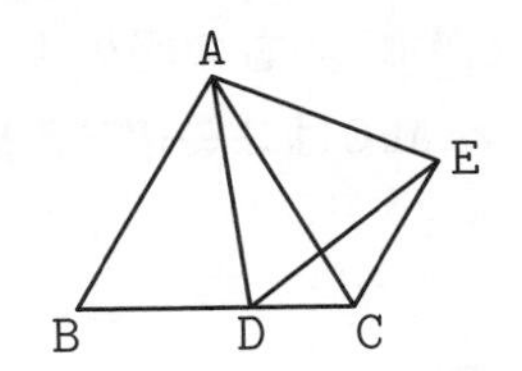

解 〔証明〕 △ABDと△ACEで，
△ABCは正三角形だから，AB＝AC …①
△ADEは正三角形だから，AD＝AE …②
正三角形の1つの内角は60°だから，
∠BAC＝∠DAE＝60°
また， ∠BAD＝∠BAC－∠DAC
∠CAE＝∠DAE－∠DAC
よって，∠BAD＝∠CAE …③
①，②，③より，2組の辺とその間の角がそれぞれ等しいから，
△ABD≡△ACE
合同な図形の対応する辺は等しいから，BD＝CE

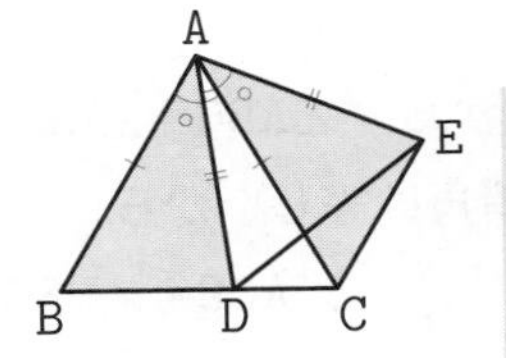

正三角形とは，3つの辺が等しい三角形のことである （定義）

正三角形の3つの角は等しい （定理）

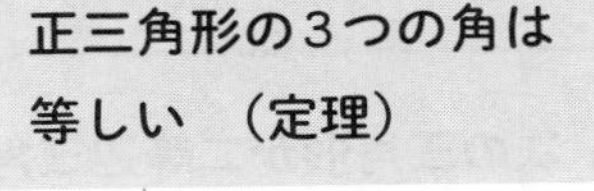

1 右の図で，△ABCは正三角形である。辺BC上に点D，辺CA上に点Eを，∠BAD＝∠CBEとなるようにとる。このとき，△ABD≡△BCEとなることを証明する。□にあてはまるものを書き入れて，証明を完成させなさい。

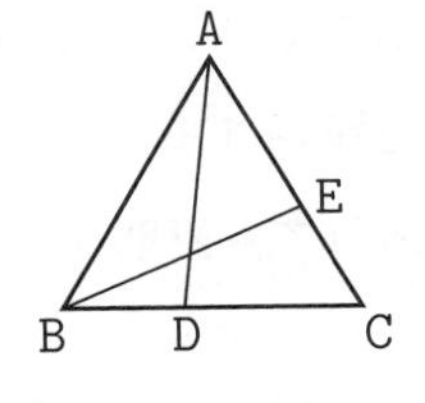

〔証明〕 △ABDと△BCEで，
仮定より，∠BAD＝∠CBE …①
△ABCは正三角形だから，
AB＝□ …②
∠ABD＝□ …③
①，②，③より，□がそれぞれ等しいから，
△ABD≡△BCE

2 右の図で，△ABCの外側に，辺AB，ACをそれぞれ1辺とする正三角形ADB，ACEをつくる。このとき，DC＝BEとなることを証明しなさい。

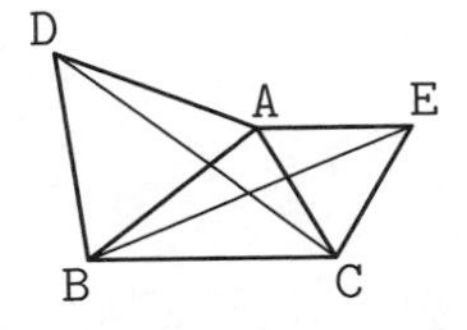

〔証明〕

71 LEVEL ★★★★★★ 二等辺三角形になるための条件

学習日　月　日
解答 p.38

例題 右の図のように，長方形の紙を折る。このとき，重なった部分の△ABCは二等辺三角形になることを証明しなさい。

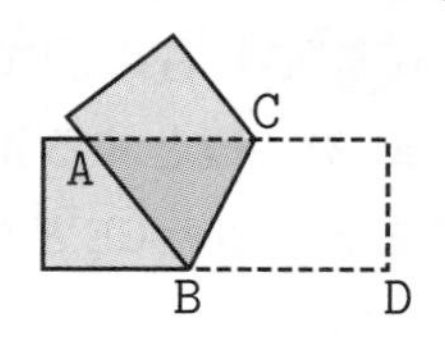

解〔証明〕 △ABCで，
折り返した角は等しいから，∠ABC＝∠DBC …①
AC//BDで，平行線の錯角は等しいから，
∠ACB＝∠DBC …②
①，②より， ∠ABC＝∠ACB
2つの角が等しいから，△ABCは**二等辺三角形**である。

〔二等辺三角形になるための条件〕
2つの角が等しい三角形は，等しい2つの角を底角とする二等辺三角形である （定理）

1 次の三角形が二等辺三角形であれば○を，そうでなければ×を書きなさい。

(1)

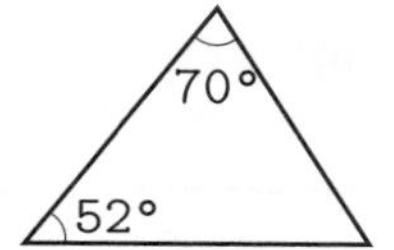

(2)

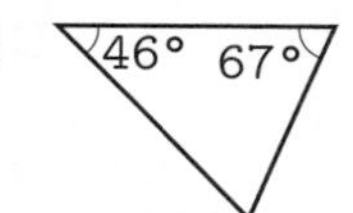

(3) 2つの角が130°，25°の三角形

2 右の図の中にある二等辺三角形をすべて答えなさい。

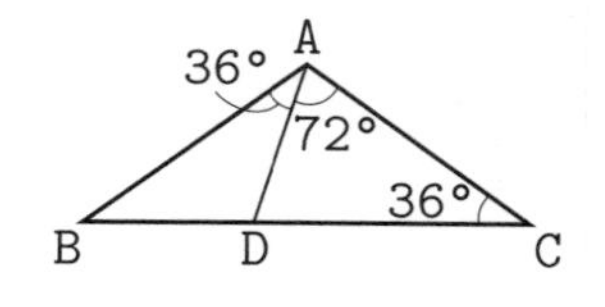

3 右の図で，△ABCはAC＝BCの二等辺三角形である。∠Aの二等分線と∠Bの二等分線の交点をDとする。

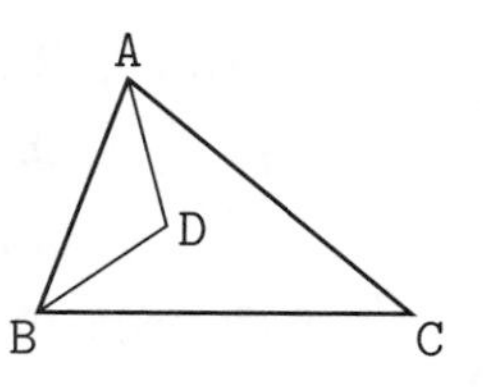

このとき，△ABDは二等辺三角形であることを証明する。□にあてはまるものを書き入れて，証明を完成させなさい。

〔証明〕 △ABDで，

仮定より，∠BAD＝$\frac{1}{2}$∠BAC …①

∠ABD＝$\frac{1}{2}$□ …②

二等辺三角形の底角は等しいから，

∠BAC＝□ …③

①，②，③より，

∠BAD＝□

□が等しいから，

△ABDは二等辺三角形である。

72 逆と反例

LEVEL ★★★

学習日　　月　　日
解答 p.39

例題 **次のことがらの逆を答えなさい。また，それが正しいかどうかをいい，正しくないときは反例を示しなさい。**

(1)　△ABCで，AB＝ACならば，∠B＝∠C

(2)　aが10の倍数ならば，aは5の倍数である。

解 あることがらの仮定と結論を入れかえたものを，そのことがらの逆という。

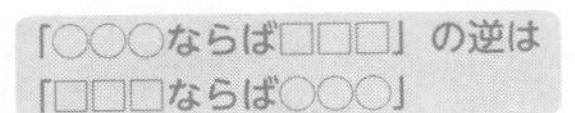

(1)　逆　**△ABCで，∠B＝∠Cならば，AB＝AC**

これは，**正しい**。　…答

2つの角が等しいから，その2つの角を底角とする二等辺三角形になる。

(2)　逆　**aが5の倍数ならば，aは10の倍数である。**

これは，**正しくない**。

反例　$a=15$　…答

反例　あることがらの仮定にはあてはまるが，結論が成り立たない例のこと。

15は5の倍数であるが，10の倍数ではない。

1 **「△ABCと△DEFで，△ABC≡△DEFならば，BC＝EF」ということがらについて，次の問いに答えなさい。**

(1)　このことがらの逆を書きなさい。

＿＿＿＿＿＿＿＿＿＿

(2)　このことがらの逆は正しくない。それを示す反例を，次のア～ウから選びなさい。

ア

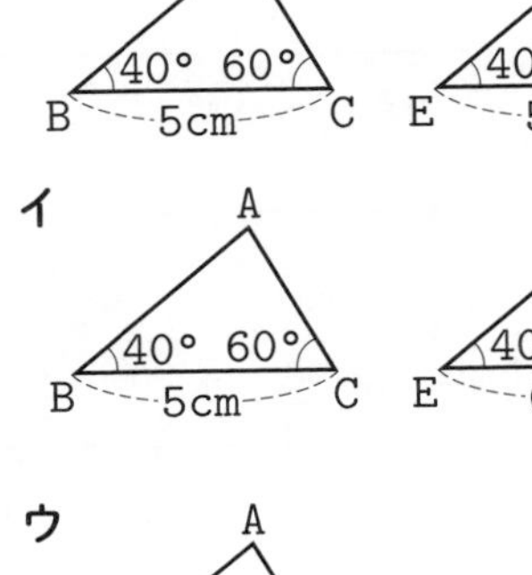

イ

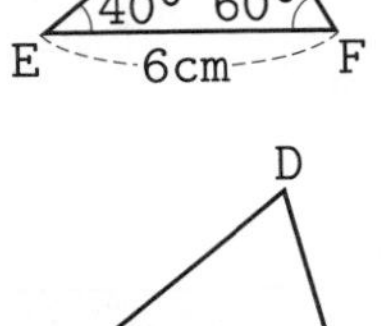

ウ

＿＿＿＿＿＿＿＿＿＿

2 **次のことがらの逆を書きなさい。また，それが正しいときは○，正しくないときは×を〔　〕の中に書き，正しくないときは反例を示しなさい。**

(1)　2つの円で，半径が等しいならば，面積は等しい。

逆＿＿＿＿＿＿＿＿＿＿

＿＿＿＿＿＿＿＿＿＿〔　〕

反例＿＿＿＿＿＿＿＿＿＿

(2)　$a<0$，$b<0$ならば，$ab>0$である。

逆＿＿＿＿＿＿＿＿＿＿〔　〕

反例＿＿＿＿＿＿＿＿＿＿

(3)　△ABCで，∠A＝∠B＝45°ならば，∠C＝90°

逆＿＿＿＿＿＿＿＿＿＿

＿＿＿＿＿＿＿＿＿＿〔　〕

反例＿＿＿＿＿＿＿＿＿＿

73 LEVEL ★★☆☆☆ 直角三角形①

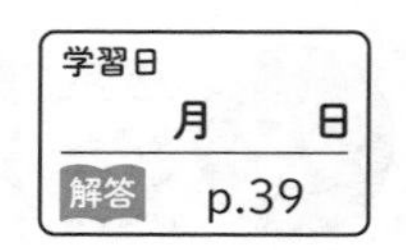

例題 右の図で，合同な直角三角形の組をすべて見つけ，記号≡を使って表しなさい。また，そのときに使った合同条件を答えなさい。

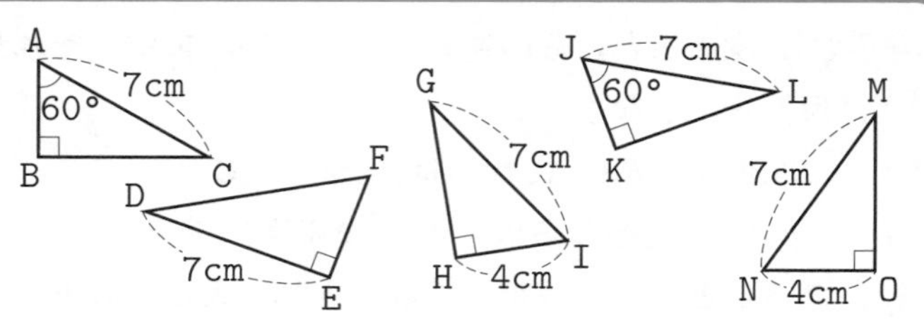

解 斜辺（しゃへん）が等しい直角三角形が合同であることをいうときは，直角三角形の合同条件を使うことが多い。

斜辺　直角三角形で，直角に対する辺

・△ABC≡△JKL

∠B＝∠K＝90°，AC＝JL，∠A＝∠Jより，合同条件は，直角三角形の**斜辺と１つの鋭角がそれぞれ等しい。** …答

・△GHI≡△MON

∠H＝∠O＝90°，GI＝MN，HI＝ONより，合同条件は，直角三角形の**斜辺と他の１辺がそれぞれ等しい。** …答

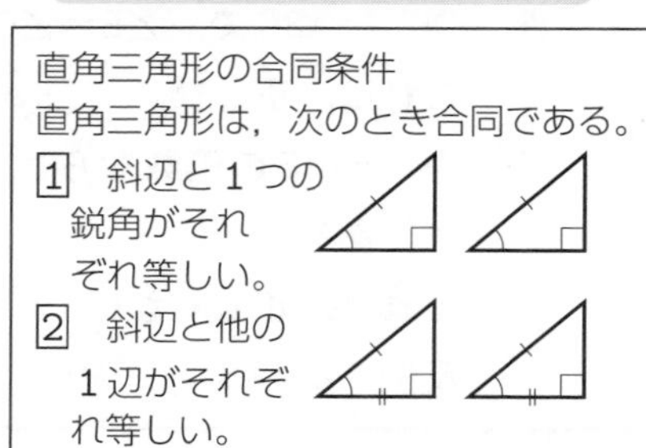

1 次の(1)，(2)で，それぞれ２つの三角形は合同である。そのときの合同条件を書きなさい。

(1)

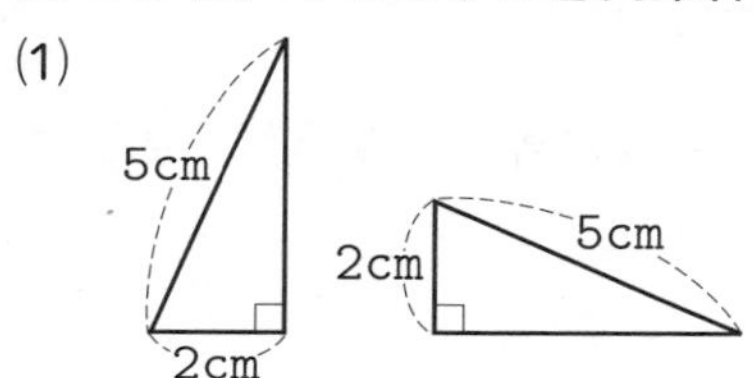

(2)

8cm
55°
55°
8cm

2 次の図で，合同な直角三角形を３組見つけ，記号≡を使って表しなさい。また，そのときに使った合同条件を書きなさい。

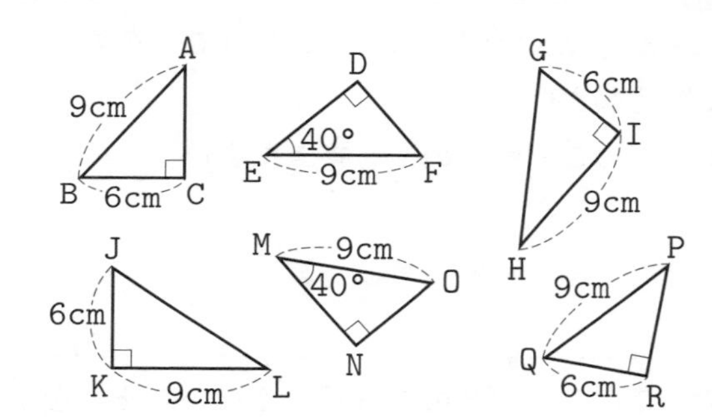

合同な三角形＿＿＿＿＿＿＿＿

合同条件＿＿＿＿＿＿＿＿

合同な三角形＿＿＿＿＿＿＿＿

合同条件＿＿＿＿＿＿＿＿

合同な三角形＿＿＿＿＿＿＿＿

合同条件＿＿＿＿＿＿＿＿

74 LEVEL ★★★★★ 直角三角形②

学習日　月　日
解答 p.40

例題　右の図は，AB＝ACの二等辺三角形である。頂点Bから辺ACに垂線BDをひき，頂点Cから辺ABに垂線CEをひく。
このとき，BD＝CEとなることを証明しなさい。

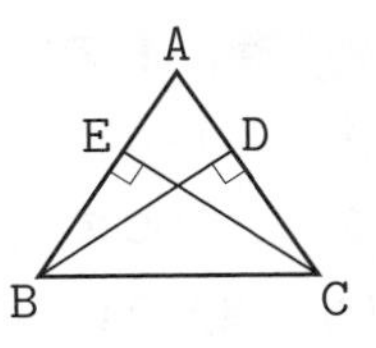

解　〔証明〕　△BCDと△CBEで，
仮定より，　∠BDC＝∠CEB＝90°　…①
二等辺三角形の底角は等しいから，∠BCD＝∠CBE　…②
共通だから，　BC＝CB　…③
①，②，③より，直角三角形の斜辺と１つの鋭角がそれぞれ等しいから，　△BCD≡△CBE
合同な図形の対応する辺は等しいから，
BD＝CE

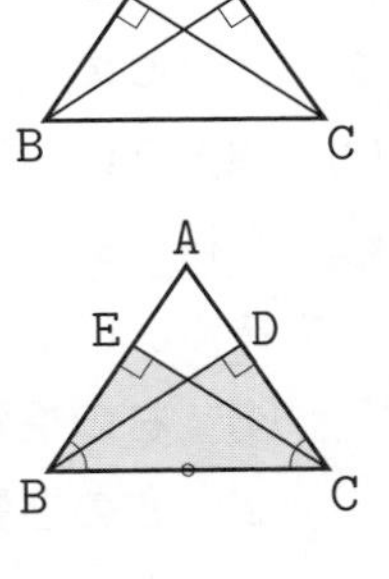

1　右の図で，△ABCは∠B＝90°の直角三角形である。辺AC上に点DをAB＝ADとなるようにとる。
Dを通りACに垂直な直線と辺BCとの交点をEとする。このとき，∠BAE＝∠DAEとなることを証明する。［　］にあてはまるものを書き入れて，証明を完成させなさい。

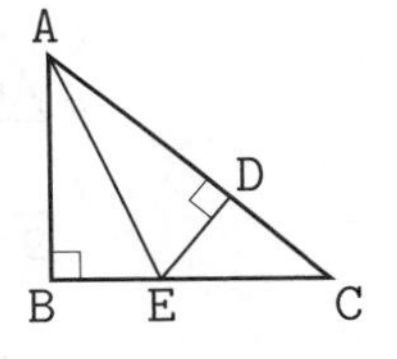

〔証明〕　△ABEと△ADEで，
仮定より，∠ABE＝∠ADE＝90°　…①
AB＝［　］　…②
共通だから，　AE＝AE　…③
①，②，③より，
［　］
がそれぞれ等しいから，
△ABE≡△ADE
合同な図形の対応する角は等しいから，
∠BAE＝［　］

2　右の図の△ABCで，辺ACの中点をDとする。半直線BDに，２点A，Cからそれぞれ垂線AE，CFをひく。
このとき，AE＝CFとなることを証明しなさい。

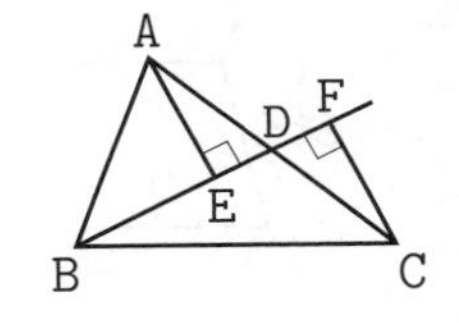

〔証明〕

LEVEL ★★★★★

75 平行四辺形の性質①

学習日　　月　　日
解答 p.40

例題 右の図で，四角形ABCDは平行四辺形である。

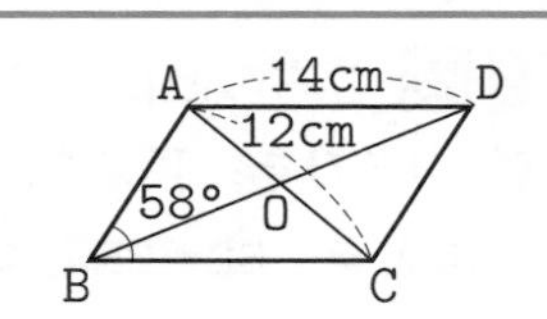

(1) 辺BCの長さは何cmか。

(2) ∠ADCの大きさは何度か。

(3) 線分OAの長さは何cmか。

解 平行四辺形は，２組の対辺がそれぞれ平行な四角形である。（定義）

〔対辺〕 四角形の向かい合う辺のこと。
〔対角〕 四角形の向かい合う角のこと。

(1) 右の性質[1]より，BC＝AD＝**14 cm** …答

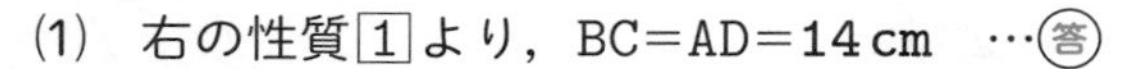

(2) 右の性質[2]より，∠ADC＝∠ABC＝**58°** …答

(3) 右の性質[3]より，OA＝OC＝12÷2＝**6(cm)** …答

〔平行四辺形の性質〕
[1] ２組の対辺はそれぞれ等しい。
[2] ２組の対角はそれぞれ等しい。
[3] 対角線はそれぞれの中点で交わる。

1 平行四辺形ABCDは，▱ABCDと表すことがある。次の▱ABCDで，x，yの値をそれぞれ求めなさい。

(1)

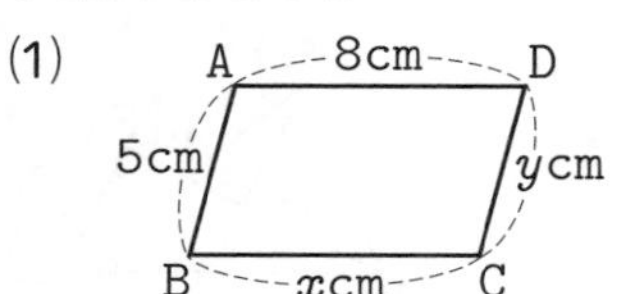

x＿＿＿＿＿＿　y＿＿＿＿＿＿

(2)

A D 100° 80° x° y° B C

x＿＿＿＿＿＿　y＿＿＿＿＿＿

(3)

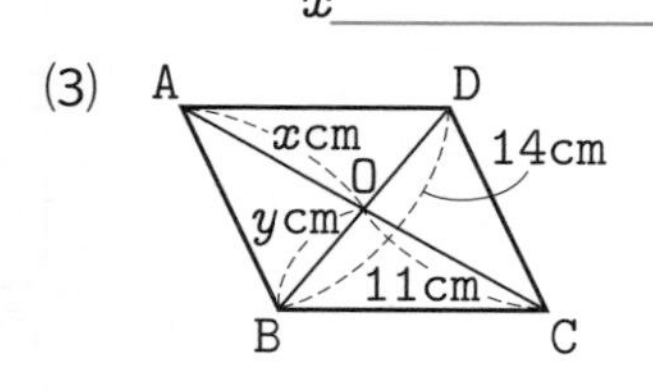

x＿＿＿＿＿＿　y＿＿＿＿＿＿

2 次の図の▱ABCDで，AB//GH，AD//EFとする。a，b，x，yの値をそれぞれ求めなさい。

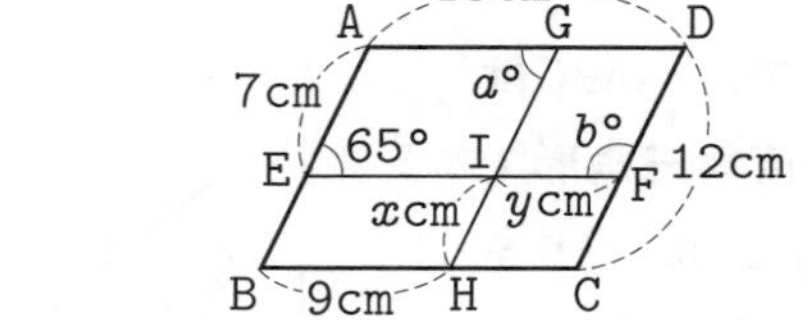
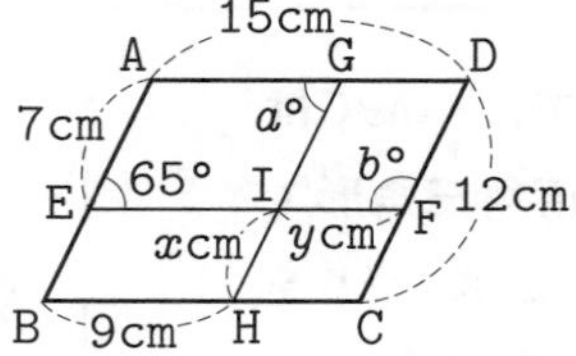

a＿＿＿＿＿＿　b＿＿＿＿＿＿

x＿＿＿＿＿＿　y＿＿＿＿＿＿

3 右の図の▱ABCDで，∠Bの二等分線と辺ADの交点をEとする。

10cm A E D 70° 6cm B C

(1) ∠ABCの大きさを求めなさい。

＿＿＿＿＿＿

(2) ∠AEBの大きさを求めなさい。

＿＿＿＿＿＿

(3) 線分EDの長さを求めなさい。

＿＿＿＿＿＿

平行四辺形の性質②

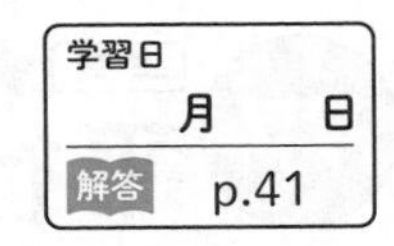

例題 **「平行四辺形の2組の対辺はそれぞれ等しい」ことを，右の図の▱ABCDを使って証明しなさい。**

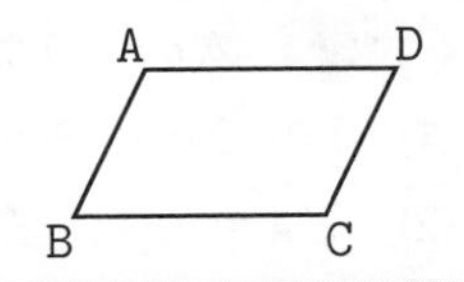

解 〔証明〕 対角線BDをひく。△ABDと△CDBで，

三角形の合同を利用できるように，対角線をひいて2つの三角形に分ける。

共通だから， BD＝DB …①

平行線の錯角は等しいから，

AB//DCより，∠ABD＝∠CDB …②

AD//BCより，∠ADB＝∠CBD …③

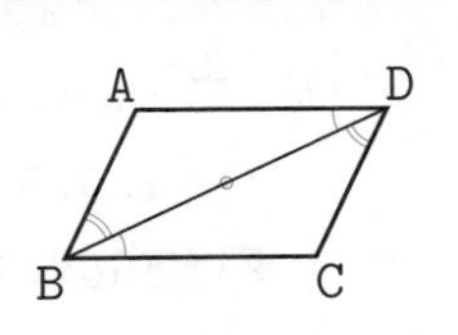

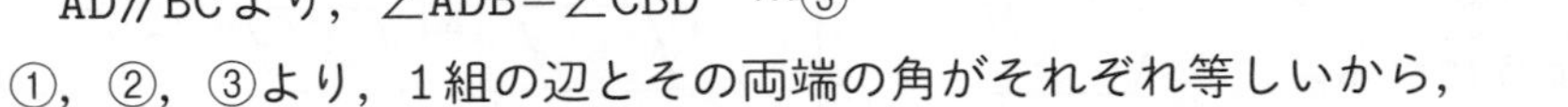

①，②，③より，1組の辺とその両端の角がそれぞれ等しいから，

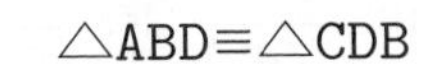

△ABD≡△CDB

合同な図形の対応する辺は等しいから，AB＝CD，AD＝CB

したがって，**平行四辺形の2組の対辺はそれぞれ等しい。**

1 **「平行四辺形の対角線はそれぞれの中点で交わる」ことを，下の▱ABCDを使って，次のように証明する。この証明を完成させなさい。ただし，上の 例題 で証明した平行四辺形の性質を使ってもよい。**

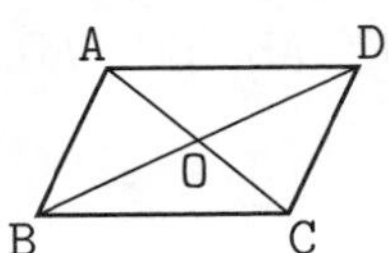

〔証明〕 △ABOと△CDOで，

［　　　　　　　　　　］

合同な図形の対応する辺は等しいから，

OA＝OC，OB＝OD

したがって，平行四辺形の対角線はそれぞれの中点で交わる。

2 **右の図の▱ABCDで，辺AB上に点E，辺CD上に点Fを，AE＝CFとなるようにとる。**

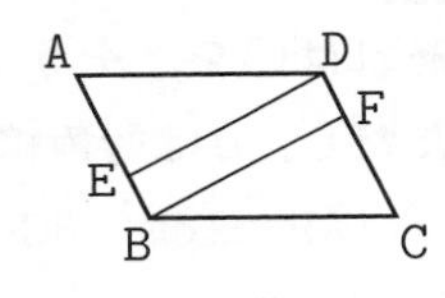

このとき，△AED≡△CFBとなることを証明する。［　　］にあてはまるものを書き入れて，証明を完成させなさい。ただし，p.80の平行四辺形の性質1～3を使ってもよい。

〔証明〕 △AEDと△CFBで，

仮定より，AE＝CF …①

平行四辺形の対辺は等しいから，

AD＝［　　］ …②

［　　　　　　］から，

∠DAE＝［　　］ …③

①，②，③より，［　　　　　　］

がそれぞれ等しいから，

△AED≡△CFB

77 LEVEL ★★★☆☆ 平行四辺形になるための条件

学習日　月　日
解答 p.41

例題 次のような四角形ABCDは，平行四辺形であるかどうか答えなさい。

(1) AB＝3 cm，BC＝4 cm，CD＝3 cm，DA＝4 cm

(2) ∠A＝100°，∠B＝80°，∠C＝80°，∠D＝100°

解 右の平行四辺形になるための条件にあてはまるかどうか，図をかいて考える。

(1) 右の図のようになる。条件[2]にあてはまるから，**平行四辺形である。** …答

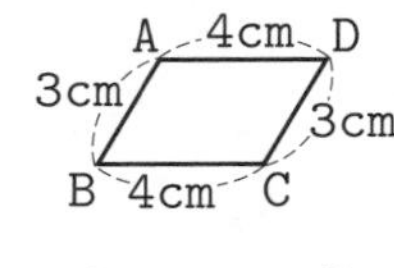

(2) 右の図のようになる。2組の対角は等しくないから，**平行四辺形ではない。** …答

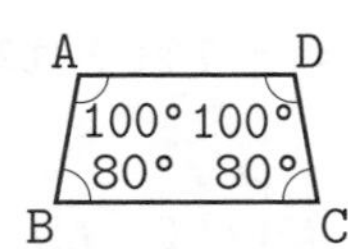

平行四辺形になるための条件

[1] 2組の対辺がそれぞれ平行である。(定義)
[2] 2組の対辺がそれぞれ等しい。
[3] 2組の対角がそれぞれ等しい。
[4] 対角線がそれぞれの中点で交わる。
[5] 1組の対辺が平行でその長さが等しい。

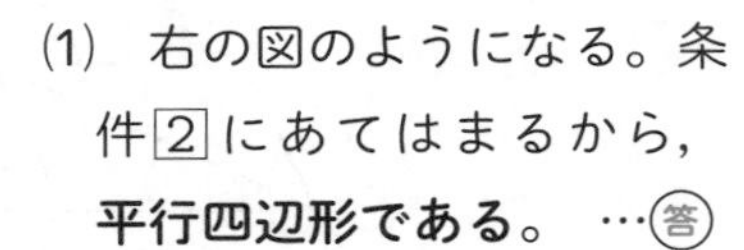
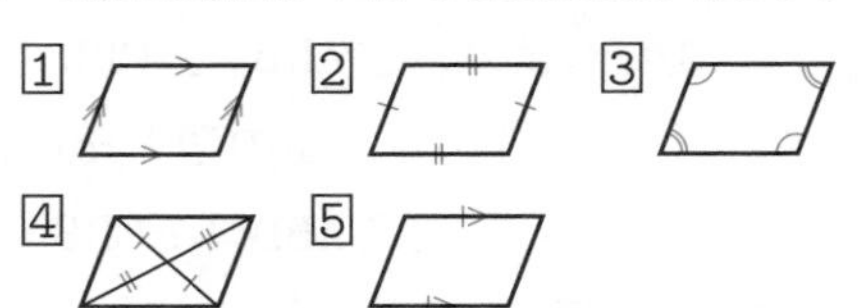

1 次のような四角形ABCDが，平行四辺形であれば○を，そうでなければ×を書きなさい。ただし，Oは対角線の交点とする。

(1) AB＝2 cm，BC＝3 cm，CD＝3 cm，DA＝2 cm

(2) ∠A＝70°，∠B＝110°，∠C＝70°，∠D＝110°

(3) OA＝5 cm，OB＝6 cm，OC＝5 cm，OD＝6 cm

(4) ∠A＝120°，∠B＝60°，AD＝7 cm，BC＝7 cm

2 次のような四角形ABCDが，いつでも平行四辺形になる場合は○を，そうでなければ×を書きなさい。ただし，Oは対角線の交点とする。

(1) AB//DC，AD//BC

(2) OA＝OD，OB＝OC

(3) ∠A＝∠B，∠C＝∠D

(4) AB＝AC，AD//BC

78 平行四辺形になることの証明

LEVEL ★★★★★

学習日　　月　　日

解答 p.42

例題 **右の図の▱ABCDで，対角線の交点をOとする。線分OB上に点E，線分OD上に点Fを，OE=OFとなるようにとる。このとき，四角形AECFが平行四辺形になることを証明しなさい。**

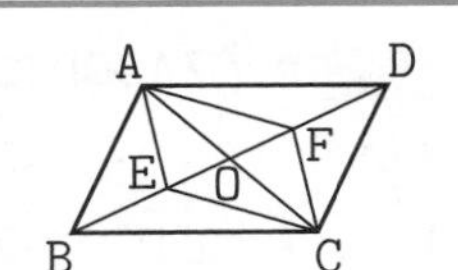

解 〔証明〕 仮定より，OE=OF …①

平行四辺形の対角線はそれぞれの中点で交わるから，（平行四辺形の性質）

OA=OC …②

①，②より，対角線がそれぞれの中点で交わるから，（平行四辺形になるための条件）

四角形AECFは平行四辺形である。

1 **右の図は，AB=ACの二等辺三角形ABCである。辺AB上に点Dをとり，辺BC上に点Eを，DB=DEとなるようにとる。辺AC上に点Fを，AD//FEとなるようにとる。このとき，四角形ADEFが平行四辺形になることを証明する。[　　]にあてはまるものを書き入れて，証明を完成させなさい。**

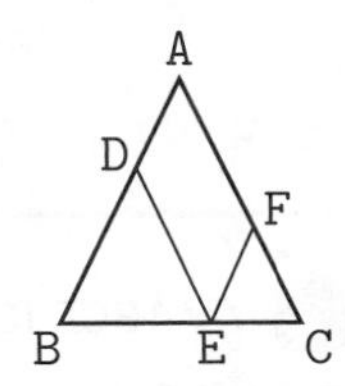

〔証明〕 二等辺三角形の底角は等しいから，

△ABCで，　∠DBE=∠ACB　…①

△DBEで，　∠DBE=[　　]　…②

①，②より，　∠ACB=∠DEB

[　　]から，

AF//DE　…③

また，仮定より，AD//[　　]　…④

③，④より，

[　　]から，

四角形ADEFは平行四辺形である。

2 **右の図の▱ABCDで，辺ADの中点をE，辺BCの中点をFとして，AとF，CとEを結ぶ。このとき，四角形AFCEが平行四辺形になることを次のように証明する。この証明を完成させなさい。**

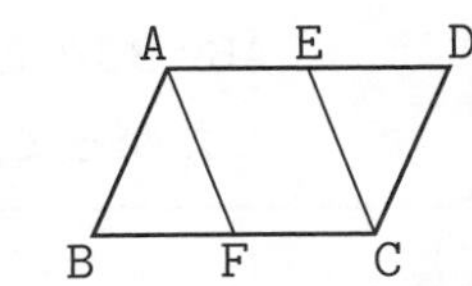

〔証明〕 仮定より，$AE=\frac{1}{2}AD$ …①

[　　]

から，四角形AFCEは平行四辺形である。

79 LEVEL ★★★★★ 特別な平行四辺形①

学習日　月　日

解答 p.42

例題 ▱ABCDに次の条件を加えると，どんな四角形になるか答えなさい。

(1) ∠A＝∠D　(2) AB＝BC

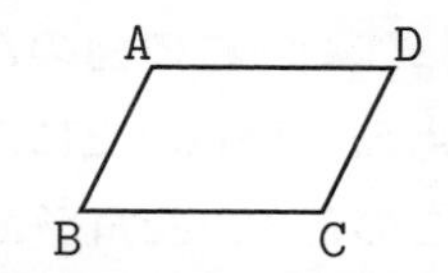

解 長方形や，ひし形，正方形は，どれも平行四辺形の特別な場合であり，それぞれ右のように定義される。

(1) 平行四辺形の対角はそれぞれ等しいから，∠A＝∠Dのとき，∠A＝∠B＝∠C＝∠Dとなる。したがって，この四角形は**長方形**になる。…答

(2) 平行四辺形の対辺はそれぞれ等しいから，AB＝BCのとき，AB＝BC＝CD＝DAとなる。したがって，この四角形は**ひし形**になる。…答

〔長方形・ひし形・正方形の定義〕
- 長方形　4つの角がすべて等しい四角形
- ひし形　4つの辺がすべて等しい四角形
- 正方形　4つの角がすべて等しく，4つの辺がすべて等しい四角形

〔長方形・ひし形・正方形の性質〕
- 長方形　対角線は等しい。
- ひし形　対角線は垂直に交わる。
- 正方形　対角線は等しく，垂直に交わる。

1 次の(1)～(3)のことがらについて，あてはまる四角形を下のア～ウからすべて選び，記号で答えなさい。

ア 長方形　　**イ** ひし形
ウ 正方形

(1) 平行四辺形である。

(2) 4つの辺はすべて等しい。

(3) 4つの角はすべて等しい。

(4) 対角線は等しい。

2 ▱ABCDに次の条件を加えると，どんな四角形になるか答えなさい。

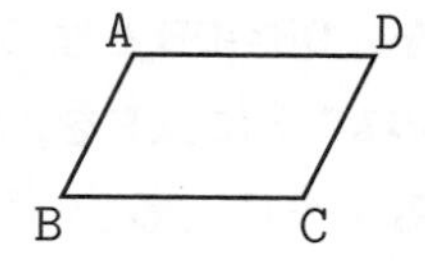

(1) ∠B＝90°

(2) AC⊥BD

(3) ∠A＝∠B，AB＝AD

(4) AC⊥BD，AC＝BD

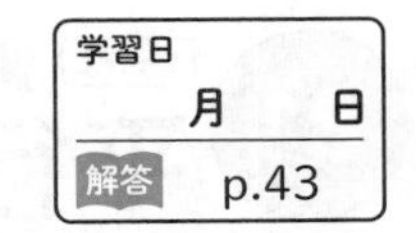

80 LEVEL ★★★★★ 特別な平行四辺形②

例題 右の図で，四角形ABCDは長方形である。辺AD上に点EをBE=CBとなるようにとり，頂点Cから線分BEに垂線をひいて，線分BEとの交点をFとする。
このとき，AB=FCとなることを証明しなさい。

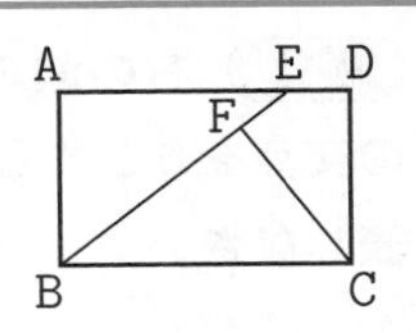

解〔証明〕△ABEと△FCBで，
仮定より，　BE=CB　…①
長方形の4つの角は等しいから∠BAE=90°で，
また，仮定より∠CFB=90°だから，∠BAE=∠CFB=90°　…②
AD//BCで，錯角が等しいから，　∠AEB=∠FBC　…③
①，②，③より，直角三角形の斜辺と1つの鋭角がそれぞれ等しいから，
△ABE≡△FCB
合同な図形の対応する辺は等しいから，AB=FC

1 右の図で，四角形ABCD，DEFGは正方形である。このとき，△AED≡△CGDとなることを証明する。
□にあてはまるものを書き入れて，証明を完成させなさい。

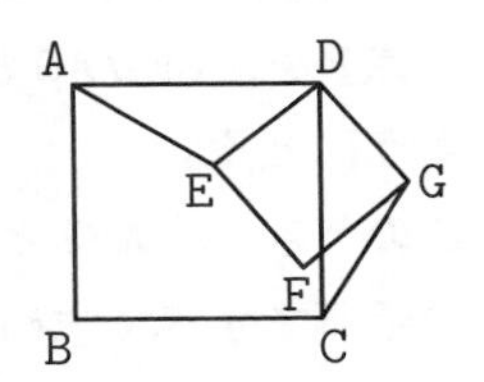

〔証明〕△AEDと△CGDで，
正方形の4つの辺は等しいから，
AD=□　…①
DE=□　…②
また，正方形の1つの角は90°だから，
∠ADE=∠ADC−∠EDC=90°−∠EDC
∠CDG=∠EDG−∠EDC=90°−∠EDC
よって，∠ADE=□　…③
①，②，③より，□
がそれぞれ等しいから，
△AED≡△CGD

2 四角形ABCDが平行四辺形で，対角線BDが∠Bの二等分線のとき，四角形ABCDはひし形であることを証明する。
□にあてはまるものを書き入れて，証明を完成させなさい。

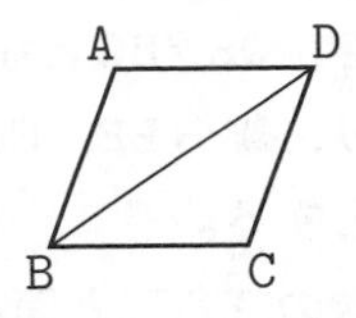

〔証明〕仮定より，∠ABD=∠CBD　…①
AD//BCで，錯角が等しいから，
□=∠CBD　…②
①，②より，　∠ABD=□　…③
□から，
△ABDは二等辺三角形で，AB=AD　…④
また，平行四辺形の対辺はそれぞれ等しいから，
AB=DC，AD=BC
これと④から，AB=BC=CD=DAとなる。
□から，
四角形ABCDはひし形である。

81 LEVEL ★★★★★ 平行線と面積

学習日　　月　　日
解答 p.44

例題 **右の図の四角形ABCDは，AD//BCの台形である。対角線AC，BDの交点をOとする。次の三角形と面積の等しい三角形を，記号＝を使って表しなさい。**

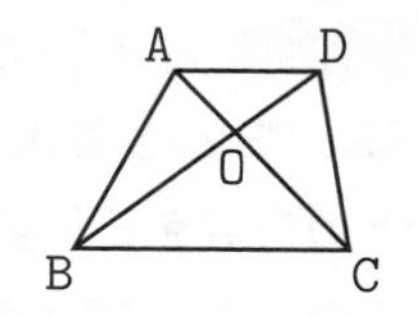

(1)　△ABC　　(2)　△ABD　　(3)　△OAB

解 記号＝は，面積が等しいことを表す。

(1)　底辺BCが共通で，AD//BCより高さが等しいから，
△ABC＝△DBC　…答

(2)　底辺ADが共通で，AD//BCより高さが等しいから，
△ABD＝△ACD　…答

(3)　(1)より，△ABC－△OBC＝△DBC－△OBC　　よって，**△OAB＝△OCD**　…答

底辺が共通な三角形
右の図で，

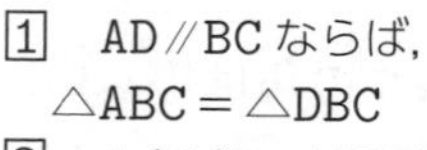
1　AD//BC ならば，
△ABC＝△DBC

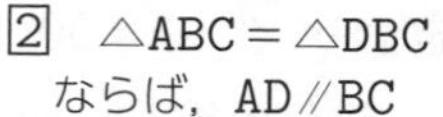
2　△ABC＝△DBC
ならば，AD//BC

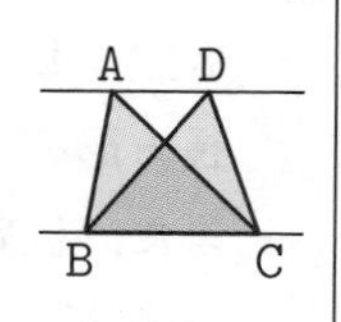

1 **右の図の△ABCで，辺AB上に点D，辺AC上に点Eを，DE//BCとなるようにとり，線分BE，CDの交点をOとする。**
次の三角形と面積の等しい三角形を，記号＝を使って表しなさい。

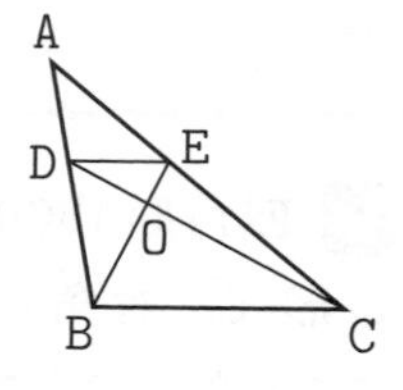

(1)　△EBC

(2)　△DCE

(3)　△OCE

(4)　△ABE

2 **右の図の▱ABCDで，辺AD上に点E，辺DC上に点Fを，EF//ACとなるようにとる。**
このとき，△ABEと面積の等しい三角形を，次の手順ですべて求めなさい。

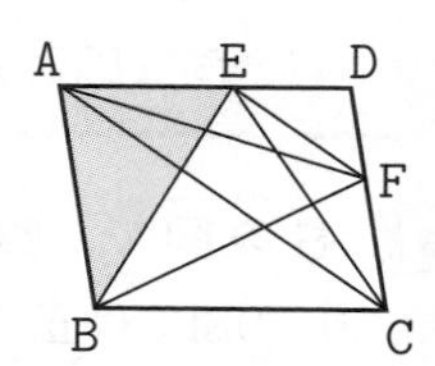

(1)　AD//BCから，△ABEと面積の等しいことがいえる三角形を答えなさい。

(2)　EF//ACから，(2)で求めた三角形と面積の等しいことがいえる三角形を答えなさい。

(3)　AB//DCから，(1)で求めた三角形と面積の等しいことがいえる三角形を答えなさい。

(4)　△ABEと面積の等しい三角形をすべて答えなさい。

82 LEVEL ★★★★★

等積変形

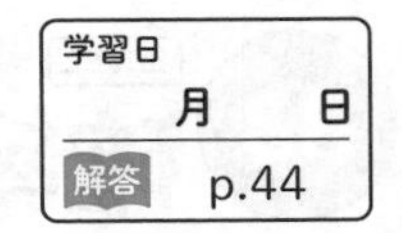

例題　右の図のような四角形ABCDがある。辺BCの延長上に点Eをとって，四角形ABCDと面積の等しい△ABEをかきなさい。

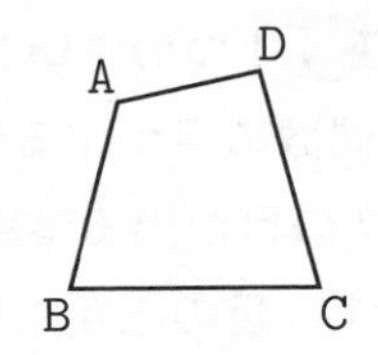

解　次の手順でかく。

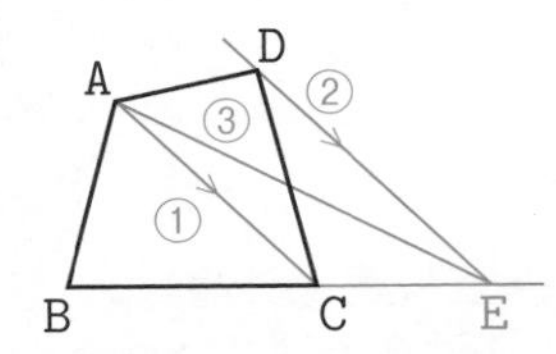

四角形ABCDと面積の等しい△ABEをかく手順

① 対角線ACをひく。

② Dを通りACに平行な直線をひき，BCの延長との交点をEとする。

③ AとEを結ぶ。

※AC//DEより，△DAC=△EAC → 四角形ABCD=△ABEとなる。

1 右の図の▱ABCDの面積は28 cm²である。この図に△DECと面積の等しい三角形をかき入れてから，△DECの面積を求めなさい。

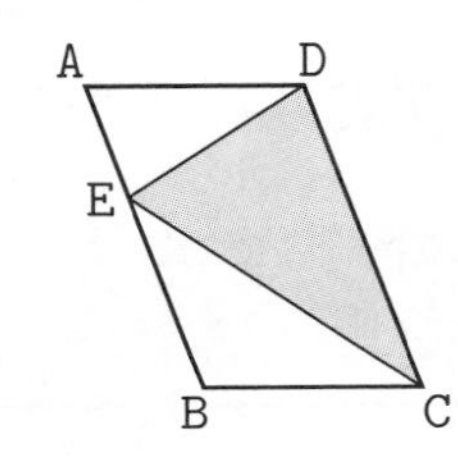

2 次の図の四角形ABCDで，辺BCは直線ℓ上にある。直線ℓ上に点Eをとって，四角形ABCDと面積の等しい△ABEをかきなさい。

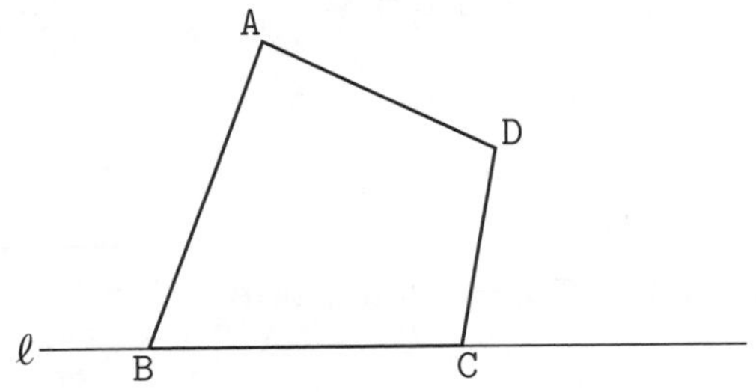

3 次の図のように，長方形ABCDの土地があり，折れ線PQRを境界とする2つの部分㋐，㋑に分かれている。いま，それぞれの土地の面積を変えずに，点Pを通る線分PSで境界をあらためることを考える。

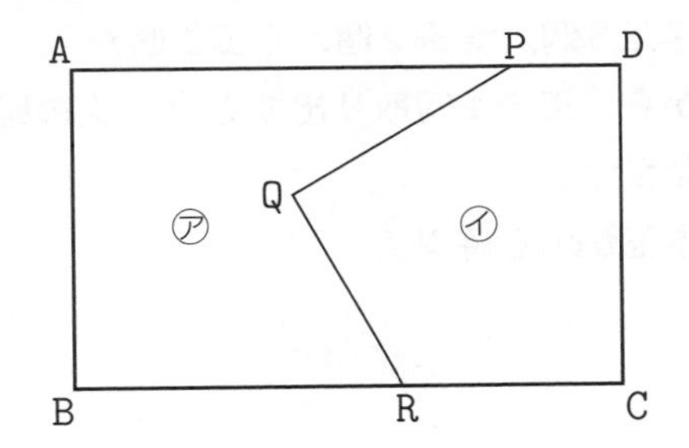

(1)　点Sの位置は，どのように決めればよいか説明しなさい。

(2)　上の図に線分PSをかき入れなさい。

5章　三角形と四角形

83 確率の求め方

LEVEL ★★★★★

学習日　月　日　解答 p.45

例題 1つのさいころを投げるとき，次の問いに答えなさい。

(1) 偶数の目が出る確率を求めなさい。　(2) 6以下の目が出る確率を求めなさい。

(3) 7の目が出る確率を求めなさい。

解 (1) 目の出かたは，1，2，3，4，5，6の全部で6通りあり，

どの目が出ることも同じ程度である。（同様に確からしい）

偶数の目の出かたは，2，4，6の3通りなので，$\frac{3}{6}=\frac{1}{2}$ …答

(2) 6以下の目の出かたは，1，2，3，4，5，6の6通りなので，$\frac{6}{6}=1$ …答

(3) 7の目が出る場合は，0通りだから，7の目が出る確率は，$\frac{0}{6}=0$ …答

かならず起こることがらの確率は1
けっして起こらないことがらの確率は0
あることがらの起こる確率をpとするとき，pの値の範囲は$0 \leqq p \leqq 1$

起こる場合が全部でn通りあり，そのどれが起こることも同様に確からしいとする。
そのうち，ことがらAの起こる場合がa通りであるとき，ことがらAの起こる確率$p=\frac{a}{n}$

1 赤玉5個，青玉2個，白玉1個が入っている箱から，玉を1個取り出すとき，次の確率を求めなさい。

(1) 赤玉が出る確率

(2) 青玉が出る確率

(3) 白玉が出る確率

(4) 黒玉が出る確率

2 ジョーカーを除く1組52枚のトランプから1枚のカードを引くとき，次の確率を求めなさい。ただし，Jは11，Qは12，Kは13，Aは1とする。

(1) ハートのカードが出る確率

(2) 2が出る確率

(3) ダイヤの6が出る確率

(4) 13以下のカードが出る確率

84 LEVEL ★★☆☆☆ 樹形図①

学習日　　月　　日
解答 p.45

例題 **3枚の硬貨（こうか）を同時に投げるとき，次の問いに答えなさい。**

(1)　表裏の出かたは全部で何通りあるか。

(2)　3枚とも裏になる確率を求めなさい。

(3)　少なくとも2枚は表となる確率を求めなさい。

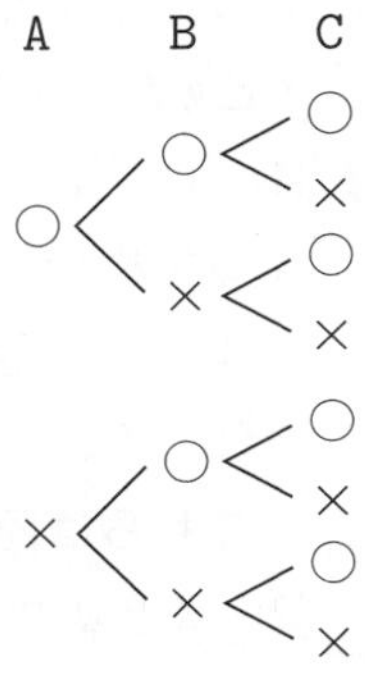

解 (1)　3枚の硬貨をすべて区別して，A，B，Cとし，表を○，裏を×で表すと，右の図のようになる。
よって，表裏の出かたは全部で**8通り**　…答

A　B　C
○ ─ ○ ─ ○ / ×
○ ─ × ─ ○ / ×
× ─ ○ ─ ○ / ×
× ─ × ─ ○ / ×

(2)　(A，B，C)=(×，×，×)となる場合の1通りだから求める確率は，$\frac{1}{8}$　…答

(3)　少なくとも2枚が表になる出かたは，
(A，B，C)=(○，○，○)，(○，○，×)，(○，×，○)，(×，○，○)の4通りだから，
（3枚とも表：(○，○，○)　2枚が表：(○，○，×)，(○，×，○)，(×，○，○)）

求める確率は，$\frac{4}{8}=\frac{1}{2}$　…答

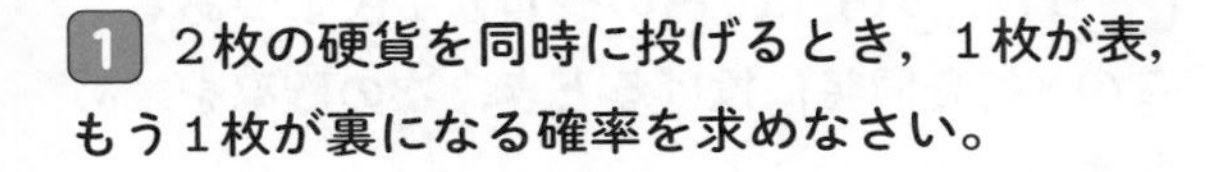

1 **2枚の硬貨を同時に投げるとき，1枚が表，もう1枚が裏になる確率を求めなさい。**

______

2 **XさんとYさんでじゃんけんを1回するとき，あいこになる確率を求めなさい。ただし，X，Yがグー，チョキ，パーのどれを出すことも同様に確からしいとする。**

______

3 **A，B，C，D，Eの5人の中から，くじびきで委員長と副委員長を選ぶとき，次の問いに答えなさい。**

(1)　選び方は全部で何通りあるか。下の樹形図を完成させて答えなさい。

委員長　副委員長　委員長　副委員長

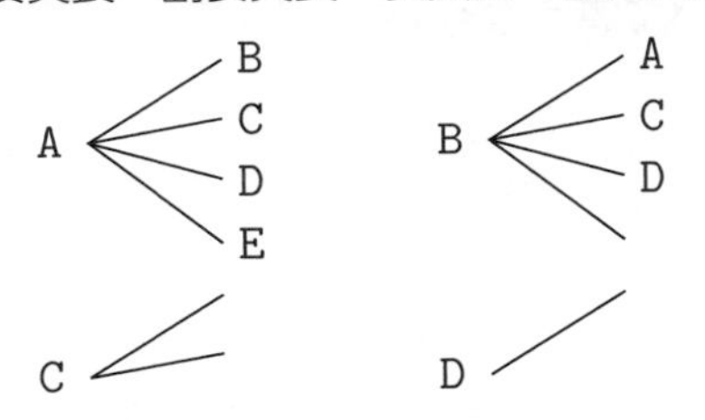

______

(2)　Eが委員長，Cが副委員長に選ばれる確率を求めなさい。

______

6章　確率・データの活用

85 LEVEL ★★★☆☆

樹形図②

学習日　月　日
解答 p.46

例題 X，Y，Z，Wの4人から，くじびきで2人の当番を選ぶとき，次の問いに答えなさい。

(1) 選び方は全部で何通りあるか。

(2) XとWが当番になる確率を求めなさい。

解 (1) (X，Y)と(Y，X)が同じ組であることに注意して樹形図をかくと，右の図のようになる。

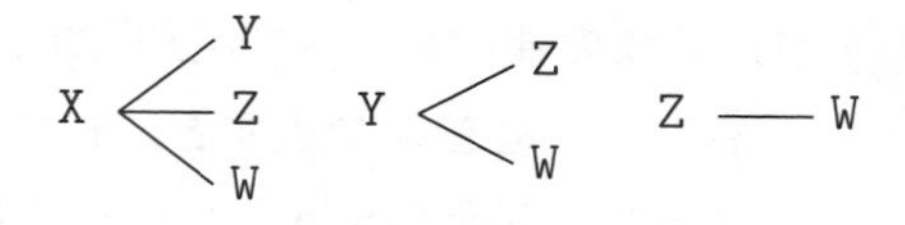

よって，選び方は(X，Y)，(X，Z)，(X，W)(Y，Z)，(Y，W)，(Z，W)の全部で**6通り** …答

これらは同様に確からしい。

(2) XとWの2人が当番に選ばれるのは，(X，W)となる場合の1通りだから，

求める確率は，$\frac{1}{6}$ …答

すべての選び方のどの場合が起こることも同様に確からしくなるように考えよう。
同じものがふくまれている場合は，p.89の例題(3)の確率のように区別して求めるとよい。

1 1，2，3，4，5の数が1つずつ書かれた5枚のカードがある。このカードを2枚続けてひき，1枚目を十の位，2枚目を一の位として，2けたの整数をつくるとき，次の問いに答えなさい。

(1) できる整数は全部で何通りあるか。樹形図をかいて答えなさい。

(2) できる整数が24以上になる確率を求めなさい。

2 1円，5円，10円の硬貨が1枚ずつある。この3枚を同時に投げるとき，次の確率を求めなさい。

(1) 表になる硬貨の枚数が2枚のときの確率

(2) 表になる硬貨の合計金額が6円以上になる確率

86 表①

学習日　月　日
解答 p.46

例題 大，小2つのさいころを同時に投げるとき，次の確率を求めなさい。

(1)　出た目の数の和が7になる確率　(2)　出た目の数の和が3になる確率

(3)　出た目の数の和が3にならない確率

解 (1)　起こりうる場合を右のような表に整理すると，目の出かたは全部で，36通りあり，どの場合が起こることも，同様に確からしい。出た目の数の和が7になるのは，

(1，6)，(2，5)，(3，4)，(4，3)，(5，2)，(6，1)の

6通りあるから，求める確率は，$\frac{6}{36}=\frac{1}{6}$　…答

小＼大	1	2	3	4	5	6
1						7
2					7	
3				7		
4			7			
5		7				
6	7					

(2)　出た目の和が3になるのは，右下の表の○で囲んだ部分で

(1，2)，(2，1)の2通りだから，求める確率は，$\frac{2}{36}=\frac{1}{18}$　…答

(3)　出た目の数の和が3にならない確率は，右の表のように△で囲んだ部分で，34通りあるので，求める確率は，

$\frac{34}{36}=\frac{17}{18}$　…答

小＼大	1	2	3	4	5	6
1	△	○	△	△	△	△
2	○	△	△	△	△	△
3	△	△	△	△	△	△
4	△	△	△	△	△	△
5	△	△	△	△	△	△
6	△	△	△	△	△	△

ことがらAの起こる確率をpとすると，
Aの起こらない確率$=1-p$

1 2つのさいころを同時に投げるとき，次の確率を求めなさい。

(1)　出た目の数の差が4になる確率

(2)　少なくとも一方は2以上の目が出る確率

2 2つのさいころを同時に投げるとき，次の確率を求めなさい。

(1)　出た目の数の積が偶数になる確率

(2)　出た目の数の積が4以上になる確率

87 LEVEL ★★★☆☆ 表②

学習日　　月　　日
解答 p.47

例題 **次の6枚のトランプのカードがある。これらのカードを箱に入れて，そこから2枚同時に取り出すとき，次の確率を求めなさい。**

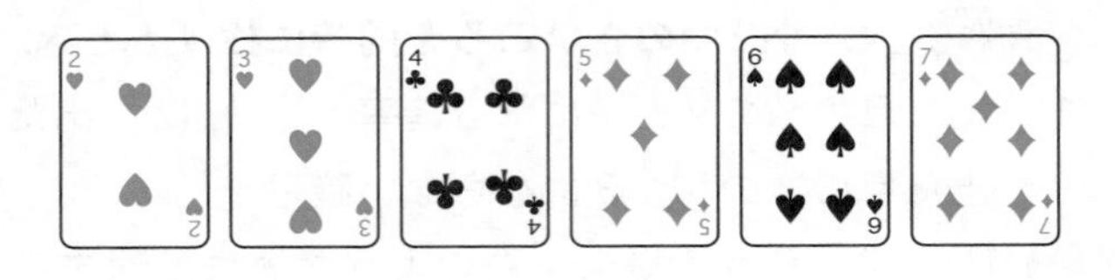

(1)　2枚のカードが同じマークのカードである確率

(2)　2枚のカードが異なるマークのカードである確率

(3)　2枚のカードに書かれてる数の差が2である確率

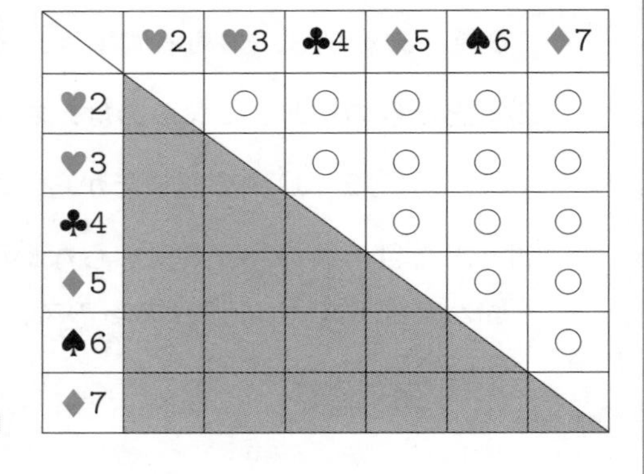

	♥2	♥3	♣4	♦5	♠6	♦7
♥2		○	○	○	○	○
♥3			○	○	○	○
♣4				○	○	○
♦5					○	○
♠6						○
♦7						

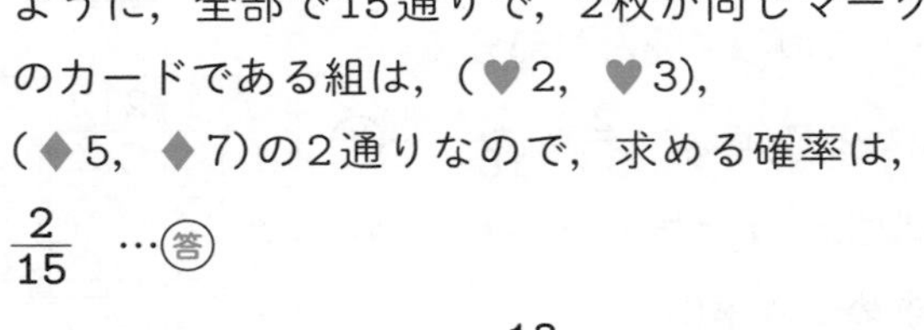

解 (1)　2枚のカードの組の取り出し方は，右の表のように，全部で15通りで，2枚が同じマークのカードである組は，(♥2，♥3)，(♦5，♦7)の2通りなので，求める確率は，

$\frac{2}{15}$ …答

(2)　(1)より求める確率は，$\frac{13}{15}$ …答

ことがらAの起こる確率をpとすると，Aの起こらない確率は，$1-p$

(3)　2枚のカードの差が2である組は，

(♥2，♣4)，(♥3，♦5)，(♣4，♠6)，(♦5，♦7)の4通りなので，$\frac{4}{15}$ …答

1 **A，B，C，Dの4人から，くじびきで，2人の委員を選ぶとき，次の問いに答えなさい。**

(1)　Aが委員に選ばれる確率

(2)　Aが委員に選ばれない確率

(3)　CとDが委員に選ばれる確率

2 **男子2人，女子3人の5人の中から，くじびきで，2人の当番を選ぶとき，次の問いに答えなさい。**

(1)　2人とも女子が選ばれる確率

(2)　男子と女子が1人ずつ選ばれる確率

(3)　2人とも男子が選ばれる確率

88 確率の利用

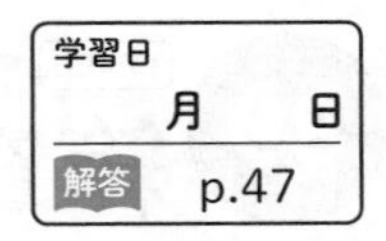

例題 5本のうち3本あたりが入っているくじがある。このくじをAさんとBさんが順に1本ずつひくとき，次の問いに答えなさい。ただし，ひいたくじはもとに戻（もど）さないことにする。

(1) Aがあたりをひく確率

(2) Bがあたりをひく確率

(3) 少なくとも1人はあたりくじをひく確率

解 (1) ①，②，③をあたり，4，5をはずれとして樹形図をかくと，Aがあたりをひく確率は，$\frac{3}{5}$ …㊟

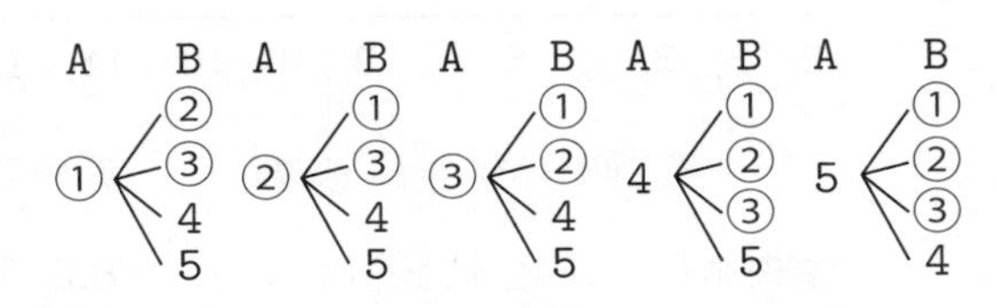

(2) 同様に樹形図から，Bがあたりをひく確率は，$\frac{12}{20}=\frac{3}{5}$ …㊟

あたりくじをひく確率は，くじをひく順番と関係がないことは，知っておくとよい。

(3) 樹形図より，求める確率は，$\frac{18}{20}=\frac{9}{10}$ …㊟

「少なくとも〜」という表現がでてきた場合は，起こらない確率を求めてみるとよい。今回の場合は，2人ともあたりくじをひかない確率は$\frac{1}{10}$なので$1-\frac{1}{10}=\frac{9}{10}$

1 5本のうち2本あたりが入っているくじがある。このくじをAさんとBさんが順に1本ずつひくとき，次の問いに答えなさい。ただし，ひいたくじはもとに戻さないことにする。

(1) Bさんがあたる確率

(2) 2人ともあたりくじをひく確率

(3) ひいたくじをもとに戻す場合と戻さない場合で，Bさんのあたる確率に違いはあるか。

2 1，2，3，3の数字が書かれた4枚のカードがある。このカードをよくきってから，1枚ずつ2枚ひき，1枚目を十の位，2枚目を一の位として，2けたの整数をつくるとき，次の問いに答えなさい。

(1) 2枚の3のカードを3_a，3_bと区別して，樹形図を完成させなさい。

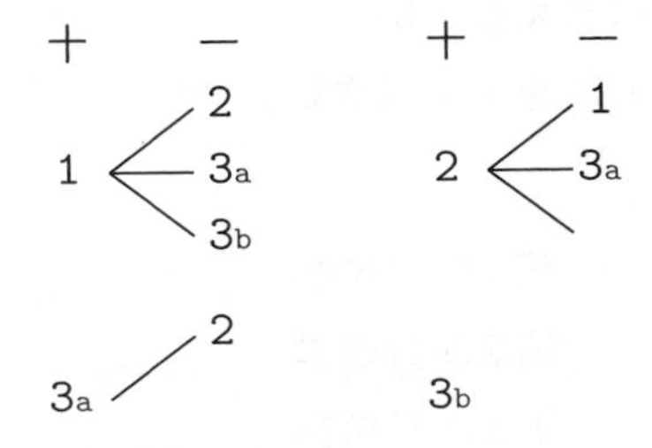

(2) できた整数が23以上になる確率

89 LEVEL ★★★★★★ 箱ひげ図①

学習日　月　日
解答 p.48

例題 生徒14人について，先月読んだ本の冊数を調べたところ，次のような結果になった。

3，5，10，14，3，12，15，2，4，8，7，9，11，16（冊）

(1) 四分位数（しぶんいすう）を求めなさい。　(2) 四分位範囲（しぶんいはんい）を求めなさい。　(3) 箱（はこ）ひげ図（ず）をかきなさい。

解 (1) まず，値の小さい順に並べる。

前半部分：2，3，3，④，5，7，8，｜後半部分：9，10，11，⑫，14，15，16

第１四分位数（4）　中央値（8と9の間）　第３四分位数（12）

データを小さい順に並べて4等分したときの3つの区切りの値を四分位数という。

中央値（第２四分位数）は，$\frac{8+9}{2}=8.5$（冊）　第１四分位数は，４冊

第３四分位数は，12冊　…答

(2) 四分位範囲＝第３四分位数－第１四分位数より，$12-4=8$（冊）　…答

(3) 箱ひげ図は四分位数と最大値，最小値がわかればかけるので，次のようになる。

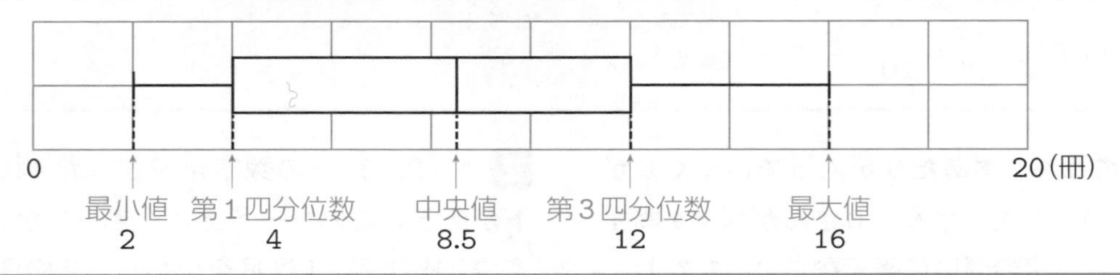

1 次のデータは，13人の生徒の漢字テストの点数である。

2，3，3，5，6，6，7，7，7，8，9，9，10（点）

次の問いに答えなさい。

(1) 四分位数を求めなさい。

第１四分位数＿＿＿＿＿＿

第２四分位数＿＿＿＿＿＿

第３四分位数＿＿＿＿＿＿

(2) 四分位範囲を求めなさい。

＿＿＿＿＿＿

(3) 箱ひげ図をかきなさい。

0　5　10（点）

2 次のデータは，12人の生徒の1か月の読書時間である。

0，4，6，7，9，9，10，11，13，16，18，19（時間）

次の問いに答えなさい。

(1) 四分位数と四分位範囲を求めなさい。

第１四分位数＿＿＿＿＿＿

第２四分位数＿＿＿＿＿＿

第３四分位数＿＿＿＿＿＿

四分位範囲＿＿＿＿＿＿

(2) 最大値，最小値を求めなさい。

最大値＿＿＿＿＿＿

最小値＿＿＿＿＿＿

(3) 箱ひげ図をかきなさい。

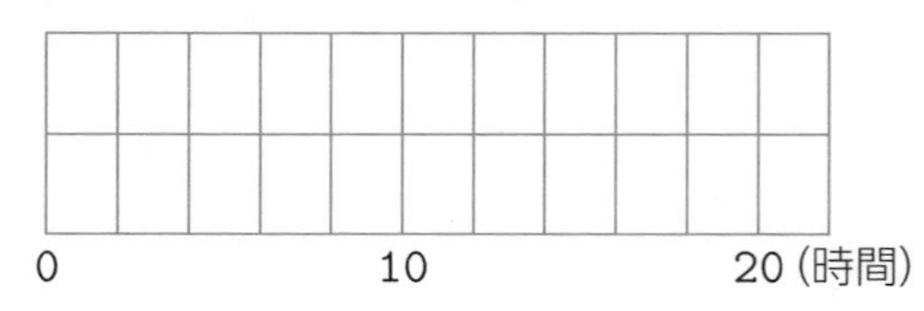

0　10　20（時間）

90 LEVEL ★★★★★

箱ひげ図②

学習日　月　日
解答 p.48

例題1 下の箱ひげ図は，Aグループ25人と，Bグループ25人の握力（あくりょく）の記録を表したものである。

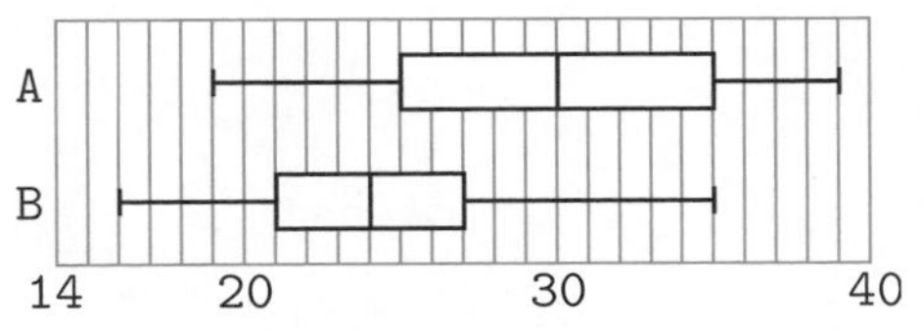

この図から読み取れることとして，次の①，②は「正しい」「正しくない」「読みとれない」のどれであるかを書きなさい。

① Aグループの平均値は，30kgである。

② AグループとBグループでは，25kg以上の人は，Bグループの方が多い。

解 ① 平均値は，箱ひげ図ではわからないので，**読みとれない** …答

② Aグループの第1四分位数は25，Bグループの第1四分位数は21なので，**正しくない** …答

例題2 下のア，イ，ウのヒストグラムと同じデータを使ってかいた箱ひげ図を，①，②，③の中から選びなさい。

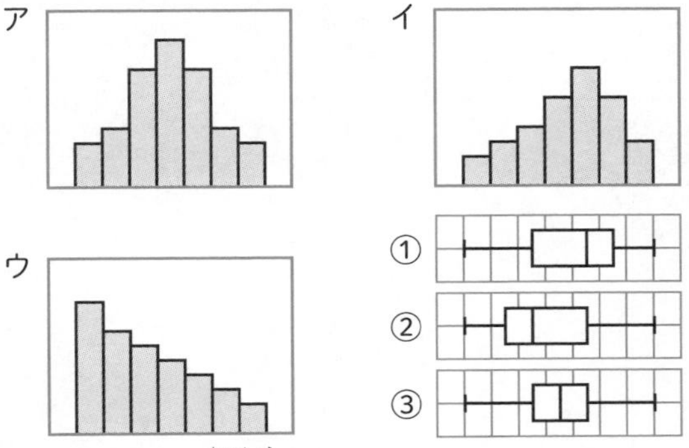

解 アは左右対称（たいしょう）で，真ん中が高くなっているから，四分位範囲が小さく，箱が小さいので，③ …答

イは右寄りになっているから，第3四分位数が大きいので，① …答

ウは左寄りになっているから，第1四分位数が小さいので，② …答

1 下の箱ひげ図は，Aグループ15人と，Bグループ15人の握力の記録を表したものである。この図から読み取れることとして，次の(1)，(2)，(3)は「正しい」「正しくない」「読みとれない」のどれであるかを書きなさい。

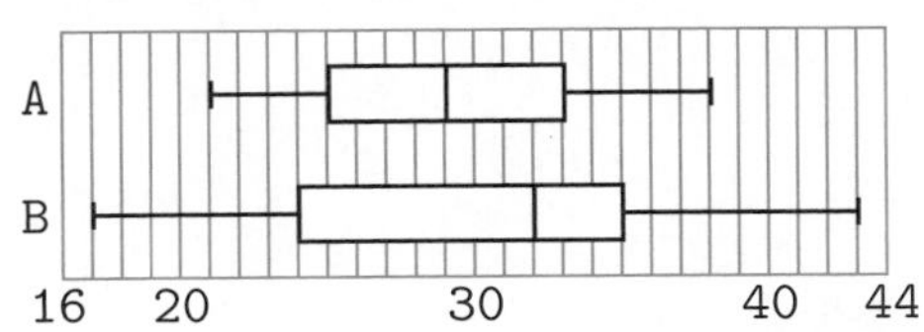

(1) 範囲も，四分位範囲もBグループの方が大きい。

＿＿＿＿＿＿

(2) 記録が25kg以上の人はAグループの方が多い。

＿＿＿＿＿＿

(3) 記録が30kg以上の人は，Aグループも，Bグループも8人以上いる。

＿＿＿＿＿＿

2 下の(1)，(2)，(3)のヒストグラムと同じデータを使ってかいた箱ひげ図を，①，②，③の中から選びなさい。

(1)

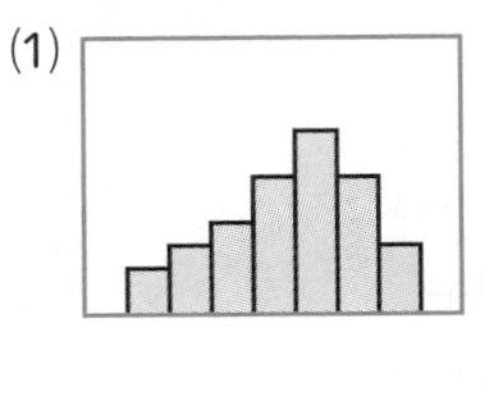

(2)

(3)

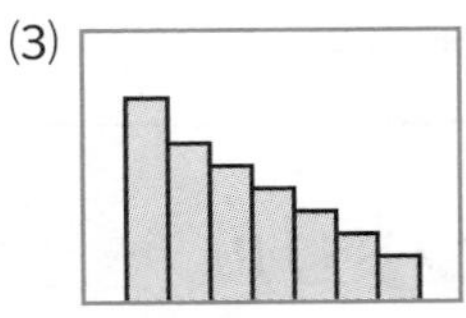

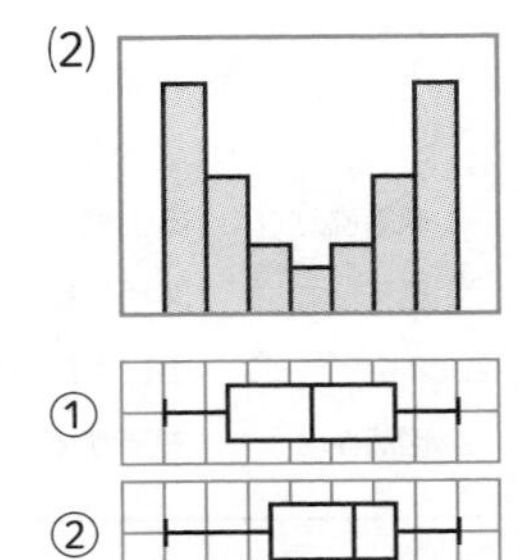

□ 執筆協力　奥山修
□ 編集協力　関根政雄　田中浩子
□ 本文デザイン　山口秀昭（Studio Flavor）
□ 図版作成　㈲デザインスタジオエキス.

シグマベスト
中２数学 パターンドリル

本書の内容を無断で複写（コピー）・複製・転載することを禁じます。また，私的使用であっても，第三者に依頼して電子的に複製すること（スキャンやデジタル化等）は，著作権法上，認められていません。

©BUN-EIDO　2024　Printed in Japan

編　者　文英堂編集部
発行者　益井英郎
印刷所　株式会社天理時報社
発行所　株式会社文英堂
〒601-8121　京都市南区上鳥羽大物町28
〒162-0832　東京都新宿区岩戸町17
(代表)03-3269-4231

●落丁・乱丁はおとりかえします。

ΣBEST シグマベスト

中2 数学 パターンドリル

解答集

文英堂

1 単項式と多項式

p.6

解答

1 (1) $3x$, $2y$
(2) $-8a$, b, -4
(3) $4x^2$, $-15xy$, y^2
(4) $1.3a$, $-ab$, $-7c$
(5) $\frac{1}{2}p^2$, $-6p$, $\frac{1}{4}$

2 (1) 2次式　(2) 5次式　(3) 2次式
(4) 1次式　(5) 4次式

解き方

1 単項式の和の形で書いたときの1つ1つの単項式が，その多項式の項である。

(1) $3x+2y$は単項式$3x$と単項式$2y$の和。
(2) $-8a+b-4=(-8a)+b+(-4)$
(3) $4x^2-15xy+y^2=4x^2+(-15xy)+y^2$
(4) $1.3a-ab-7c=1.3a+(-ab)+(-7c)$
(5) $\frac{1}{2}p^2-6p+\frac{1}{4}=\frac{1}{2}p^2+(-6p)+\frac{1}{4}$

2 (1), (2)は単項式で，(3)～(5)は多項式。

(1) $-7a^2=-7\times a\times a$ ←文字2個
(2) $\frac{1}{4}x^3y^2=\frac{1}{4}\times x\times x\times x\times y\times y$ ←文字5個
(3) 文字の項の次数は，
$3a^2$(次数2)，$8a$(次数1)だから，2次式。
(4) 各項の次数は，
$-5x$(次数1)，$2y$(次数1)だから，1次式。
(5) 各項の次数は，
$-xy^3$(次数4)，$-3xy$(次数2)，$-9y$(次数1)だから，4次式。

ポイント

1 (2)のbや-4のように，1つの文字や1つの数も単項式と考える。

2 次数を考えるときは，その項の係数(文字の前にある数)は気にせず，かけられている**文字の個数**だけ注目すればよい。

2 同類項をまとめる

p.7

解答

1 (1) aと$4a$，$2b$と$6b$
(2) $3xy$と$-xy$，$-8x$と$5x$
(3) $2x^2$と$3x^2$，$-9x$と$-x$

2 (1) $8a+6b$　(2) $3x-5y$
(3) $-a-9b$　(4) $-4ab+14a$
(5) $3x^2+x$　(6) $-11a^2-7a+8$

解き方

1 (1) 文字の部分aが同じだから，aと$4a$は同類項。また，文字の部分bが同じだから，$2b$と$6b$も同類項。
(2) 文字の部分がxyの項と，文字の部分がxの項がある。
(3) 文字の部分がx^2の項と，文字の部分がxの項がある。

2 (1) $5a+4b+3a+2b=5a+3a+4b+2b$
$=(5+3)a+(4+2)b$
$=8a+6b$

(2) $4x+4y-x-9y=4x-x+4y-9y$
$=(4-1)x+(4-9)y$
$=3x-5y$

(3) $-8a-6b-3b+7a=-8a+7a-6b-3b$
$=-a-9b$

(4) $ab+9a-5ab+5a=ab-5ab+9a+5a$
$=-4ab+14a$

(5) $6x^2-4x+5x-3x^2=6x^2-3x^2-4x+5x$
$=3x^2+x$

(6) $-3a^2+2a+8-8a^2-9a$
$=-3a^2-8a^2+2a-9a+8$
$=-11a^2-7a+8$

ポイント

1 文字の部分が完全に同じものだけが同類項なので，xとxyは同類項ではなく，x^2とxも同類項ではない。

2 (5)の$3x^2$とxは同類項ではないので，これ以上はまとめられない。

3 多項式の加法

p.8

解答

1 (1) $8x+5y$ (2) $7a-9b$
(3) $-5x-11y$ (4) $12a^2-7a+6$
(5) $5a+b$ (6) $-x-10y+10$
2 (1) $9a+6b$ (2) $3y+7$

解き方

1 (1) $(x+2y)+(7x+3y)=x+2y+7x+3y$
$=x+7x+2y+3y$
$=8x+5y$

(2) $(5a-4b)+(2a-5b)=5a-4b+2a-5b$
$=5a+2a-4b-5b$
$=7a-9b$

(3) $(3x-6y)+(-8x-5y)$
$=3x-6y-8x-5y$
$=3x-8x-6y-5y$
$=-5x-11y$

(4) $(9a^2+2a-1)+(3a^2-9a+7)$
$=9a^2+2a-1+3a^2-9a+7$
$=9a^2+3a^2+2a-9a-1+7$
$=12a^2-7a+6$

(5)
$$\begin{array}{rr} & 4a+3b \\ +) & a-2b \\ \hline & 5a+\ b \end{array}$$

(6)
$$\begin{array}{rr} & 6x-\ 5y+\ 8 \\ +) & -7x-\ 5y+\ 2 \\ \hline & -\ x-10y+10 \end{array}$$

2 (1) $(7a-b)+(2a+7b)$
$=7a-b+2a+7b$
$=7a+2a-b+7b$
$=9a+6b$

(2) $(-5x+4y-1)+(8+5x-y)$
$=-5x+4y-1+8+5x-y$
$=-5x+5x+4y-y-1+8$
$=3y+7$

ポイント

加法では，かっこをそのままはずしてから同類項をまとめる。

4 多項式の減法

p.9

解答

1 (1) $5x+2y$ (2) $-6a-6b$
(3) $6x+4y$ (4) $a^2+9a-15$
(5) $4a+4b$ (6) $-4x+2y+2$
2 (1) $5a-10b$ (2) $x-9$

解き方

1 (1) $(9x+5y)-(4x+3y)=9x+5y-4x-3y$
$=9x-4x+5y-3y$
$=5x+2y$

(2) $(2a-7b)-(8a-b)=2a-7b-8a+b$
$=2a-8a-7b+b$
$=-6a-6b$

(3) $(x-4y)-(-5x-8y)=x-4y+5x+8y$
$=x+5x-4y+8y$
$=6x+4y$

(4) $(3a^2+4a-9)-(2a^2-5a+6)$
$=3a^2+4a-9-2a^2+5a-6$
$=3a^2-2a^2+4a+5a-9-6$
$=a^2+9a-15$

(5)
$$\begin{array}{rr} & 5a+2b \\ -) & a-2b \\ \hline & 4a+4b \end{array}$$

(6)
$$\begin{array}{rr} & 4x-5y \\ -) & 8x-7y-2 \\ \hline & -4x+2y+2 \end{array}$$

数の項は，$0-(-2)=2$と計算する。

2 (1) $(3a-2b)-(-2a+8b)$
$=3a-2b+2a-8b$
$=3a+2a-2b-8b$
$=5a-10b$

(2) $(6x-4y+1)-(5x+10-4y)$
$=6x-4y+1-5x-10+4y$
$=6x-5x-4y+4y+1-10$
$=x-9$

ポイント

減法では，かっこをはずすとき，ひくほうの式の**符号を変える**。

5 多項式の計算①

p.10

解答

1 (1) $5a+35b$ (2) $-9x+24y$
(3) $24a-20b$ (4) $4a-3b$
(5) $14x-2y+18$ (6) $2a-b+5$

2 (1) $-7x+3y$ (2) $-5a+b$
(3) $7x-4y+9$ (4) $-9x-63y+3$

解き方

1 (3) $(-6a+5b)\times(-4)$
$=(-6a)\times(-4)+5b\times(-4)$
$=24a-20b$

(4) $12\left(\frac{a}{3}-\frac{b}{4}\right)=12\times\frac{a}{3}+12\times\left(-\frac{b}{4}\right)$
$=4a-3b$

(5) $2(7x-y+9)=2\times7x+2\times(-y)+2\times9$
$=14x-2y+18$

(6) $(10a-5b+25)\times\frac{1}{5}$
$=10a\times\frac{1}{5}+(-5b)\times\frac{1}{5}+25\times\frac{1}{5}$
$=2a-b+5$

2 (2) $(40a-8b)\div(-8)=\frac{40a}{-8}+\frac{-8b}{-8}$
$=-5a+b$

(3) $(28x-16y+36)\div4=\frac{28x}{4}+\frac{-16y}{4}+\frac{36}{4}$
$=7x-4y+9$

(4) $(3x+21y-1)\div\left(-\frac{1}{3}\right)$
$=(3x+21y-1)\times(-3)$
$=3x\times(-3)+21y\times(-3)+(-1)\times(-3)$
$=-9x-63y+3$

ポイント

多項式 ÷ 数は，
①多項式の各項を**数でわる。**
②**わる数の逆数をかける乗法になおす。**
の2つの方法がある。とくに **2** (4)のように，**わる数が分数のとき**は，**②で計算する**とよい。

6 多項式の計算②

p.11

解答

1 (1) $5a-b$ (2) $8x-6y$
(3) $-3b$ (4) $-7x-10y$
(5) $7x^2+31x-3$

2 (1) $7a-4b$ (2) $-2x+17y$
(3) $-11a-9b$ (4) $38x^2+11x$
(5) $x+28y+35$

解き方

1 (1) $3(a-b)+2(a+b)=3a-3b+2a+2b$
$=3a+2a-3b+2b$
$=5a-b$

なれてきたら，項を並べかえる式は省略してもよい。

(2) $2(2x+7y)+4(x-5y)$
$=4x+14y+4x-20y$
$=8x-6y$

(3) $6(2a-5b)+3(-4a+9b)$
$=12a-30b-12a+27b$
$=-3b$

(4) $-8(2x-y)+9(x-2y)$
$=-16x+8y+9x-18y$
$=-7x-10y$

(5) $7(x^2+3x-4)+5(2x+5)$
$=7x^2+21x-28+10x+25$
$=7x^2+31x-3$

2 (3) $4(a-3b)-3(5a-b)$
$=4a-12b-15a+3b$
$=-11a-9b$

(4) $5(4x^2+7x)-6(-3x^2+4x)$
$=20x^2+35x+18x^2-24x$
$=38x^2+11x$

(5) $3(3x-4y+9)-8(x-5y-1)$
$=9x-12y+27-8x+40y+8$
$=x+28y+35$

ポイント

減法では，かっこをはずすとき，符号の変化に注意する。

7 多項式の計算③ p.12

解答

1 (1) $\frac{5}{6}x+\frac{1}{6}y$ (2) $\frac{9}{10}a-\frac{2}{5}b$

(3) $\frac{1}{12}x+\frac{2}{3}y$

2 (1) $\frac{17x-2y}{12}$ (2) $\frac{7a-8b}{15}$

(3) $-\frac{1}{15}x$

解き方

1 (3) $\frac{1}{4}(x+2y)-\frac{1}{6}(x-y)$

$=\frac{1}{4}x+\frac{1}{2}y-\frac{1}{6}x+\frac{1}{6}y$

$=\frac{3}{12}x+\frac{6}{12}y-\frac{2}{12}x+\frac{2}{12}y$

$=\frac{3}{12}x-\frac{2}{12}x+\frac{6}{12}y+\frac{2}{12}y$

$=\frac{1}{12}x+\frac{8}{12}y$

$=\frac{1}{12}x+\frac{2}{3}y$

2 (1) $\frac{2x+y}{3}+\frac{3x-2y}{4}=\frac{4(2x+y)}{12}+\frac{3(3x-2y)}{12}$

$=\frac{4(2x+y)+3(3x-2y)}{12}$

$=\frac{8x+4y+9x-6y}{12}$

$=\frac{17x-2y}{12}$

(3) $\frac{x-5y}{10}-\frac{x-3y}{6}=\frac{3(x-5y)}{30}-\frac{5(x-3y)}{30}$

$=\frac{3(x-5y)-5(x-3y)}{30}$

$=\frac{3x-15y-5x+15y}{30}$

$=\frac{-2x}{30}=-\frac{1}{15}x$

ポイント

1 (1)は$\frac{x-y}{2}+\frac{x+2y}{3}$と変形できる。また，

2 (1)は$\frac{1}{3}(2x+y)+\frac{1}{4}(3x-2y)$と変形できる。

したがって，**1**，**2**はどちらの計算方法でも求められる。

8 単項式の乗法① p.13

解答

1 (1) $14ab$ (2) $-27xy$

(3) $-32ab$ (4) $25abc$

(5) $3xy$ (6) $-\frac{1}{3}ab$

2 (1) $18a^2$ (2) $-18x^2y$

(3) $-35a^2b^2$ (4) $11xy^2$

(5) $-\frac{1}{12}a^2$ (6) $-\frac{10}{21}mn^2$

解き方

1 (2) $3x\times(-9y)=3\times(-9)\times x\times y$

$=-27xy$

(3) $(-4b)\times 8a=(-4)\times 8\times b\times a$

$=-32ab$

文字は，ふつうアルファベット順に書く。

(4) $(-5a)\times(-5bc)=(-5)\times(-5)\times a\times b\times c$

$=25abc$

(5) $\frac{1}{2}x\times 6y=\frac{1}{2}\times 6\times x\times y$

$=3xy$

(6) $8a\times\left(-\frac{b}{24}\right)=8\times\left(-\frac{1}{24}\right)\times a\times b$

$=-\frac{1}{3}ab$

2 (3) $5ab\times(-7ab)=5\times(-7)\times a\times b\times a\times b$

$=-35a^2b^2$

(5) $\frac{1}{3}a\times\left(-\frac{1}{4}a\right)=\frac{1}{3}\times\left(-\frac{1}{4}\right)\times a\times a$

$=-\frac{1}{12}a^2$

(6) $\left(-\frac{5}{6}mn\right)\times\frac{4}{7}n=\left(-\frac{5}{6}\right)\times\frac{4}{7}\times m\times n\times n$

$=-\frac{10}{21}mn^2$

ポイント

単項式の乗法では，係数の積に文字の積をかける。

9 単項式の乗法② p.14

解答

1 (1) $15a^3$ (2) $-6x^3$
(3) $-9x^2y^3$ (4) $56a^3b$
(5) a^5 (6) $-\frac{2}{3}x^3y^2$

2 (1) $81x^2$ (2) $-8a^3$
(3) $-36x^2$ (4) $5a^2b$
(5) $-9x^4$ (6) $\frac{4}{49}x^2$

解き方

1 (1) $3a^2\times5a=3\times a\times a\times5\times a=15a^3$

(2) $6x\times(-x^2)=6\times x\times(-1)\times x\times x=-6x^3$

(3) $(-xy)\times9xy^2=(-1)\times x\times y\times9\times x\times y\times y$
$=-9x^2y^3$

(4) $(-7a^2b)\times(-8a)$
$=(-7)\times a\times a\times b\times(-8)\times a$
$=56a^3b$

(5) $a^3\times a^2=a\times a\times a\times a\times a=a^5$

(6) $\frac{4}{5}x^2\times\left(-\frac{5}{6}xy^2\right)$
$=\frac{4}{5}\times x\times x\times\left(-\frac{5}{6}\right)\times x\times y\times y$
$=-\frac{2}{3}x^3y^2$

2 (1) $(-9x)^2=(-9x)\times(-9x)=81x^2$

(2) $(-2a)^3=(-2a)\times(-2a)\times(-2a)=-8a^3$

(3) $-(6x)^2=-(6x)\times(6x)=-36x^2$

(4) $(-a)^2\times5b=(-a)\times(-a)\times5b=5a^2b$

(5) $(-x^2)\times(-3x)^2$
$=(-x^2)\times(-3x)\times(-3x)$
$=-9x^4$

(6) $\left(-\frac{2}{7}x\right)^2=\left(-\frac{2}{7}x\right)\times\left(-\frac{2}{7}x\right)=\frac{4}{49}x^2$

ポイント

指数が何にかかっているか注意する。

1 (5)は，指数どうしをかけて，3×2=6よりa^6とするミスが多いので注意すること。

10 単項式の除法① p.15

解答

1 (1) $2y$ (2) $-3a$ (3) $-c$
(4) $\frac{1}{4}y$ (5) -9

2 (1) $8a$ (2) $-4x$ (3) $-9xy$
(4) $7a$ (5) $\frac{1}{3}x$

解き方

1 (1) $6xy\div3x=\frac{6xy}{3x}=\frac{\overset{2}{\cancel{6}}\times\overset{1}{\cancel{x}}\times y}{\underset{1}{\cancel{3}}\times\underset{1}{\cancel{x}}}=2y$

(2) $(-15ab)\div5b=\frac{-15ab}{5b}=-3a$

(3) $28abc\div(-28ab)=\frac{28abc}{-28ab}=-c$

(4) $(-8xy)\div(-32x)=\frac{-8xy}{-32x}=\frac{1}{4}y$

(5) $54ab\div(-6ab)=\frac{54ab}{-6ab}=-9$

2 (1) $16a^2\div2a=\frac{16a^2}{2a}=\frac{16\times a\times a}{2\times a}=8a$

(2) $(-4x^2)\div x=\frac{-4x^2}{x}=-\frac{4\times x\times x}{x}=-4x$

(3) $36x^2y\div(-4x)=\frac{36x^2y}{-4x}=-\frac{36\times x\times x\times y}{4\times x}$
$=-9xy$

(4) $(-49ab^2)\div(-7b^2)=\frac{-49ab^2}{-7b^2}$
$=\frac{49\times a\times b\times b}{7\times b\times b}$
$=7a$

(5) $(-6x^2y)\div(-18xy)=\frac{-6x^2y}{-18xy}$
$=\frac{6\times x\times x\times y}{18\times x\times y}$
$=\frac{1}{3}x$

ポイント

分数の形で表して，約分する。

11 単項式の除法②

p.16

解答

1 (1) $\frac{1}{3}x$ (2) $-18b$

(3) $-\frac{1}{8}y$ (4) 10

2 (1) $\frac{4}{9}ab$ (2) $-7x$

(3) $-20b$ (4) $\frac{25}{81}$

解き方

1 (1) $\frac{xy}{21}\div\frac{y}{7}=\frac{xy}{21}\times\frac{7}{y}=\frac{x\times y\times 7}{21\times y}=\frac{1}{3}x$

(2) $(-8ab)\div\frac{4}{9}a=(-8ab)\div\frac{4a}{9}$

$=(-8ab)\times\frac{9}{4a}$

$=-\frac{8\times a\times b\times 9}{4\times a}$

$=-18b$

(3) $\frac{5}{12}xy\div\left(-\frac{10}{3}x\right)=\frac{5xy}{12}\div\left(-\frac{10x}{3}\right)$

$=\frac{5xy}{12}\times\left(-\frac{3}{10x}\right)=-\frac{1}{8}y$

(4) $\left(-\frac{25}{4}ab\right)\div\left(-\frac{5}{8}ab\right)=\left(-\frac{25ab}{4}\right)\div\left(-\frac{5ab}{8}\right)$

$=\left(-\frac{25ab}{4}\right)\times\left(-\frac{8}{5ab}\right)$

$=10$

2 (1) $\frac{1}{3}a^2b\div\frac{3}{4}a=\frac{a^2b}{3}\div\frac{3a}{4}=\frac{a^2b}{3}\times\frac{4}{3a}=\frac{4}{9}ab$

(2) $6x^2\div\left(-\frac{6}{7}x\right)=6x^2\div\left(-\frac{6x}{7}\right)=6x^2\times\left(-\frac{7}{6x}\right)$

$=-7x$

(3) $\left(-\frac{8}{3}ab^2\right)\div\frac{2}{15}ab=\left(-\frac{8ab^2}{3}\right)\times\frac{15}{2ab}=-20b$

(4) $\left(-\frac{5}{9}a^2\right)\div\left(-\frac{9}{5}a^2\right)=\left(-\frac{5a^2}{9}\right)\times\left(-\frac{5}{9a^2}\right)=\frac{25}{81}$

ポイント

わる式が分数のときは乗法になおして計算する。

12 単項式の乗法・除法

p.17

解答

1 (1) ab (2) $-5x^2y$ (3) $4x$

2 (1) $9y$ (2) $-b$ (3) $-10x$

解き方

1 かける式を分子，わる式を分母において，分数の形にする。

(1) $a^2b\div ab\times b=\frac{a^2b\times b}{ab}$

$=\frac{a\times a\times b\times b}{a\times b}$

$=ab$

(2) $20xy^2\times(-3x)\div 12y$

$=-\frac{20xy^2\times 3x}{12y}$

$=-\frac{20\times x\times y\times y\times 3\times x}{12\times y}$

$=-5x^2y$

(3) $48x^3\div(-6x)\div(-2x)=\frac{48x^3}{6x\times 2x}$

$=\frac{48\times x\times x\times x}{6\times x\times 2\times x}$

$=4x$

2 (1) $2x\times 6xy\div\frac{4}{3}x^2=2x\times 6xy\times\frac{3}{4x^2}$

$=\frac{2x\times 6xy\times 3}{4x^2}=9y$

(2) $\frac{1}{3}a\div(-3a^2b)\times 9ab^2=\frac{a}{3}\times\left(-\frac{1}{3a^2b}\right)\times 9ab^2$

$=-\frac{a\times 1\times 9ab^2}{3\times 3a^2b}$

$=-b$

(3) $(-4x)^2\times\frac{5}{4}y\div(-2xy)$

$=(-4x)\times(-4x)\times\frac{5y}{4}\times\left(-\frac{1}{2xy}\right)$

$=-\frac{4x\times 4x\times 5y\times 1}{4\times 2xy}=-10x$

ポイント

1 (3) $A\div B\div C=A\times\frac{1}{B}\times\frac{1}{C}=\frac{A}{BC}$

13 式の値 p.18

解答

1 (1) 7 (2) -11
(3) 72 (4) -12

2 (1) 6 (2) 24
(3) -7

解き方

1 (1) $(4a-b)-(5a-2b)$
$=4a-b-5a+2b$
$=-a+b$
$=-(-4)+3=7$

(2) $3(2a+5b)+2(-4b+a)$
$=6a+15b-8b+2a$
$=8a+7b$
$=8\times(-4)+7\times3=-11$

(3) $6ab\times\left(-\frac{1}{3}b\right)=-2ab^2$
$=-2\times(-4)\times3^2=72$

(4) $2a^2b\div(-8ab)\times(-4b)=\frac{2a^2b\times4b}{8ab}=ab$
$=-4\times3=-12$

2 (1) $3x+7y-2x-9y=x-2y$
$=5-2\times\left(-\frac{1}{2}\right)=6$

(2) $8(5a-b)-6(5a-6b+2)$
$=40a-8b-30a+36b-12$
$=10a+28b-12$
$=10\times5+28\times\left(-\frac{1}{2}\right)-12=24$

(3) $\left(-\frac{4}{5}xy^2\right)\div\left(-\frac{2}{7}y\right)=\left(-\frac{4xy^2}{5}\right)\times\left(-\frac{7}{2y}\right)$
$=\frac{14}{5}xy$
$=\frac{14}{5}\times5\times\left(-\frac{1}{2}\right)=-7$

ポイント

式の値を求めるときは，式を計算して，簡単にしてから数を代入するとよい。

14 文字式の利用① p.19

解答

1 ア…$n+4$ イ…10 ウ…$n+2$

2 〔説明〕（4つの整数のうち，左上の数をnとすると，nの右，真下，右ななめ下の数は，）$n+1$，$n+5$，$n+6$と表される。
この4つの整数の和は，
$n+(n+1)+(n+5)+(n+6)$
$=4n+12$
$=4(n+3)$
$n+3$は整数だから，$4(n+3)$は4の倍数である。
（したがって，4つの整数の和は，4の倍数になる。）

解き方

1 ア　連続する整数は1ずつ大きくなるから，
$n+3+1=n+4$

イ　$n+(n+1)+(n+2)+(n+3)+(n+4)$
$=5n+10$　　よって，イは10

ウ　$5n+10=5\times n+5\times2$
$=5(n+2)$　　（$a\times b+a\times c=a(b+c)$）
よって，ウは$n+2$

2 4つの整数の和が4の倍数になることをいうためには，4つの整数の和が，4×(整数)の形で表されることを示せばよい。
式を変形して，この形を導く。
なお，整数は5つずつならんでいるから，ある整数の真下の数は，もとの整数より5大きいことになる。したがって，4つの数のうち，左上の数をnとすると，他の3つの数は右のように表される。

n	$n+1$
$n+5$	$n+6$

ポイント

連続する整数は，n，$n+1$，$n+2$，…など，1ずつ大きくなる式で表される。
なお，いちばん小さい数以外をnとすることもでき，たとえば，連続する3つの整数のうち，**真ん中の数**をnとすると，3つの整数は，
$n-1$，n，$n+1$と表される。

15 文字式の利用②
p.20

解答

1 ア…2　イ…$m+n+1$
ウ…偶数

2 ア…$2n+3$　イ…4
ウ…$n+1$

解き方

1 奇数と奇数の和が偶数であることをいうためには，和が2×(整数)の形で表されることを示せばよい。
また，どのような奇数についても成り立つことを示すため，2つの奇数を表すのに，たがいに無関係な2つの文字を使っている(この場合はmとn)ことに注意する。

$$(2m+1)+(2n+1)=2m+2n+2$$
$$=2(m+n+1)$$

より，**ア**は2，**イ**は$m+n+1$
また，$2(m+n+1)$は2×(整数)の形で表されるから，偶数である。よって，**ウ**は偶数。

2 この問題では無関係な2つの奇数ではなく，連続する2つの奇数を扱うので，それぞれの奇数を，同じ文字nを使って表すことに注意する。
連続する奇数は，1，3，5，…や15，17，19，…のように2ずつ大きくなるから，連続する2つの奇数のうち，小さいほうを$2n+1$とすると，大きいほうはそれより2大きく，

$$2n+1+2=2n+3$$

と表される。したがって，**ア**は$2n+3$
また，$(2n+1)+(2n+3)=4n+4$
$$=4(n+1)$$
より，**イ**は4で，**ウ**は$n+1$となる。

ポイント

文字を使ったいろいろな数の表し方
nを整数とすると，
・偶数　$2n$
・奇数　$2n+1$
・3の倍数　$3n$
・3でわると1あまる数　$3n+1$

16 文字式の利用③
p.21

解答

1 ア…$9(x-y)$　イ…$x-y$

2 〔説明〕(2けたの自然数の十の位をa，一の位をbとすると，)
2けたの自然数は$10a+b$と表される。
この数に，一の位の数を4倍した数を加えると，

$$(10a+b)+4b=10a+5b$$
$$=5(2a+b)$$

$2a+b$は整数だから，$5(2a+b)$は5の倍数である。
(したがって，2けたの自然数に，その数の一の位の数を4倍した数を加えると，5の倍数になる。)

解き方

1 2つの自然数の差が9の倍数になることをいうためには，2つの自然数の差が，9×(整数)の形で表されることを示せばよい。

$$(10x+y)-(10y+x)=9x-9y$$
$$=9(x-y)$$

アは9×(整数)の形の式で，**イ**は(整数)の部分だから，**ア**は$9(x-y)$，**イ**は$x-y$

2 2けたの自然数に，その数の一の位の数を4倍した数を加えた数が，5×(整数)の形で表されることを示せばよい。

ポイント

文字を使った2けた，3けたの自然数の表し方
どのような2けたの自然数も，
10×(十の位の数)+(一の位の数)
となるので，十の位がa，一の位がbの2けたの自然数は，$10a+b$
また，同じように3けたの自然数を考えると，百の位がa，十の位がb，一の位がcの3けたの自然数は，$100a+10b+c$
たとえば，百の位がa，十の位が4，一の位がcの3けたの自然数は，$100a+40+c$と表される。

17 等式の変形① p.22

解答

1 (1) $b=9-\frac{5}{3}a$ $\left(b=\frac{27-5a}{3}\right)$

(2) $y=-11+8x$

(3) $x=\frac{1}{4}y-6$ $\left(x=\frac{y-24}{4}\right)$

(4) $a=\frac{30}{b}$ (5) $x=\frac{7}{y}$

2 (1) $h=\frac{V}{\pi r^2}$ (2) $x=\frac{1}{2}y-5$

(3) $y=\frac{x}{3}+z$ (4) $q=2m-p$

(5) $a=\frac{7c-4b}{3}$

解き方

1 (2) $8x-y=11$

$-y=11-8x$

$y=-11+8x$

(4) $\frac{1}{6}ab=5$

$ab=30$

$a=\frac{30}{b}$

2 (3) $x=3(y-z)$

$3(y-z)=x$

$y-z=\frac{x}{3}$

$y=\frac{x}{3}+z$

(別解) $x=3(y-z)$

$3(y-z)=x$

$3y-3z=x$

$3y=x+3z$

$y=\frac{x+3z}{3}$

(4) $m=\frac{p+q}{2}$

$\frac{p+q}{2}=m$

$p+q=2m$

$q=2m-p$

(5) $c=\frac{3a+4b}{7}$

$\frac{3a+4b}{7}=c$

$3a+4b=7c$

$3a=7c-4b$

$a=\frac{7c-4b}{3}$

ポイント

解く対象の文字が右辺にあるときは，最初に両辺を入れかえるとよい。

18 等式の変形② p.23

解答

1 (1) $\pi r+2a=38$ (2) $a=19-\frac{1}{2}\pi r$

(3) $a=19-\frac{7\pi}{2}$

2 (1) $S=\frac{1}{2}(a+b)h$ (2) $b=\frac{2S}{h}-a$

(3) $b=10$

解き方

1 (1) 周のうち，半円部分の曲線の長さは，

$2\pi r\times\frac{1}{2}=\pi r$(cm)

したがって，この図形の周の長さは，

$\pi r+a\times2=\pi r+2a$(cm)

これが38cmだから，$\pi r+2a=38$

(2) $\pi r+2a=38$

$2a=38-\pi r$

$a=19-\frac{1}{2}\pi r$

(3) (2)の式に$r=7$を代入すると，

$a=19-\frac{1}{2}\pi\times7=19-\frac{7\pi}{2}$

2 (2) $S=\frac{1}{2}(a+b)h$

$\frac{1}{2}(a+b)h=S$

$(a+b)h=2S$

$a+b=\frac{2S}{h}$

$b=\frac{2S}{h}-a$

(3) (2)の式に$S=32$，$a=6$，$h=4$を代入すると，$b=\frac{2\times32}{4}-6=10$

ポイント

1(3)，**2**(3) 等式の変形で求めた式に代入すると，計算の結果がそのまま答えになる。

19 連立方程式の解

p.24

解答

1 (1)　○　(2)　○　(3)　×　(4)　○
2 (1)　ウ　(2)　イ

解き方

1 $3x-4y=7$にx，yの値を代入して，等式が成り立つ(左辺と右辺の値が等しくなる)かどうか調べる。左辺が7になれば○。

$x=5$，$y=2$を代入すると，

(1)　左辺$=3\times5-4\times2=7$→○

(2)　左辺$=3\times9-4\times5=7$→○

(3)　左辺$=3\times(-1)-4\times1=-7$→×

(4)　左辺$=3\times(-3)-4\times(-4)=7$→○

2 上の式を①，下の式を②とする。x，yの値を代入して，①，②が両方成り立つものを選ぶ。

(1)　①は左辺が1，②は左辺が-5になれば○。

ア　①　左辺$=3\times2+(-5)=1$→○
　　②　左辺$=2-(-5)=7$→×

イ　①　左辺$=3\times(-2)+7=1$→○
　　②　左辺$=-2-7=-9$→×

ウ　①　左辺$=3\times(-1)+4=1$→○
　　②　左辺$=-1-4=-5$→○

(2)　①は左辺が18，②は左辺が12になれば○。

ア　①　左辺$=0-4\times2=-8$→×
　　②　左辺$=5\times0+6\times2=12$→○

イ　①　左辺$=6-4\times(-3)=18$→○
　　②　左辺$=5\times6+6\times(-3)=12$→○

ウ　①　左辺$=-2-4\times(-5)=18$→○
　　②　左辺$=5\times(-2)+6\times(-5)=-40$→×

ポイント

1 **2元1次方程式**…2つの文字をふくむ1次方程式。方程式を成り立たせる文字の値の組を，2元1次方程式の解という。

2 **連立方程式**…2つの方程式を組にしたもの。どちらの方程式も成り立たせる文字の値の組を，連立方程式の解という。

20 加減法①

p.25

解答

1 (1)　$x=8$，$y=-2$　(2)　$x=-1$，$y=-7$
2 (1)　$x=5$，$y=4$　(2)　$x=2$，$y=-3$

解き方

上の式を①，下の式を②とする。

1 (1)

$$\begin{array}{lrl} ① & x+5y= & -2 \\ ② & -)\ x+2y= & 4 \\ \hline & 3y= & -6 \\ & y= & -2 \end{array}$$

$y=-2$を②に代入すると，

$x+2\times(-2)=4$　　$x=8$

(2)

$$\begin{array}{lrl} ① & 3x-y= & 4 \\ ② & -)\ 8x-y= & -1 \\ \hline & -5x\quad = & 5 \\ & x= & -1 \end{array}$$

$x=-1$を①に代入すると，

$3\times(-1)-y=4$　　$-y=7$　　$y=-7$

2 (1)

$$\begin{array}{lrl} ① & 2x-y= & 6 \\ ② & +)\ x+y= & 9 \\ \hline & 3x\quad = & 15 \\ & x= & 5 \end{array}$$

$x=5$を②に代入すると，$5+y=9$　　$y=4$

(2)

$$\begin{array}{lrl} ① & 4x-3y= & 17 \\ ② & +)\ -4x+5y= & -23 \\ \hline & 2y= & -6 \end{array}$$

$y=-3$

$y=-3$を①に代入すると，

$4x-3\times(-3)=17$　　$4x=8$　　$x=2$

ポイント

1 等しいものから等しいものをひいた残りは等しいことを利用し，左辺どうし，右辺どうしをひく。

$$\begin{array}{rl} & A=B \\ -) & C=D \\ \hline & A-C=B-D \end{array}$$

2 等しいものと等しいものをたしたものは等しいことを利用し，左辺どうし，右辺どうしをたす。

$$\begin{array}{rl} & A=B \\ +) & C=D \\ \hline & A+C=B+D \end{array}$$

21 加減法② p.26

解答

1 (1) $x=3,\ y=-2$ (2) $x=-3,\ y=-4$
2 (1) $x=-2,\ y=4$ (2) $x=6,\ y=7$

解き方

上の式を①，下の式を②とする。

1 (1)
$$\begin{array}{lrr} ① & 2x+5y= & -4 \\ ②\times2 & -)\ 2x-4y= & 14 \\ \hline & 9y= & -18 \\ & y= & -2 \end{array}$$

$y=-2$を②に代入すると，

$x-2\times(-2)=7$　　$x=3$

(2)
$$\begin{array}{lrr} ①\times3 & 9x-3y= & -15 \\ ② & -)\ 2x-3y= & 6 \\ \hline & 7x\quad = & -21 \\ & x= & -3 \end{array}$$

$x=-3$を①に代入すると，

$3\times(-3)-y=-5$　　$-y=4$

$y=-4$

2 (1)
$$\begin{array}{lrr} ①\times5 & 15x-5y= & -50 \\ ② & +)\ 8x+5y= & 4 \\ \hline & 23x\quad = & -46 \\ & x= & -2 \end{array}$$

$x=-2$を①に代入すると，

$3\times(-2)-y=-10$　　$-y=-4$　　$y=4$

(2)
$$\begin{array}{lrr} ① & -8x+\ 7y= & 1 \\ ②\times2 & +)\ 8x-10y= & -22 \\ \hline & -3y= & -21 \\ & y= & 7 \end{array}$$

$y=7$を②に代入すると，

$4x-5\times7=-11$　　$4x=24$　　$x=6$

ポイント

1つの文字を消去できるように，どちらかの式を何倍かして，**1つの文字の係数の絶対値をそろえる**。式を何倍かするときは，左辺だけでなく，右辺も同じように何倍かすることを忘れないこと。

22 加減法③ p.27

解答

1 (1) $x=-1,\ y=-2$ (2) $x=3,\ y=5$
2 (1) $x=-3,\ y=1$ (2) $x=2,\ y=-2$

解き方

上の式を①，下の式を②とする。

1 (1)
$$\begin{array}{lrr} ①\times2 & 6x-8y= & 10 \\ ②\times3 & -)\ 6x-9y= & 12 \\ \hline & y= & -2 \end{array}$$

$y=-2$を②に代入すると，

$2x-3\times(-2)=4$

$2x=-2$

$x=-1$

(2)
$$\begin{array}{lrr} ①\times5 & -25x+20y= & 25 \\ ②\times4 & -)\ -36x+20y= & -8 \\ \hline & 11x\quad = & 33 \\ & x= & 3 \end{array}$$

$x=3$を①に代入すると，

$-5\times3+4y=5$

$4y=20$

$y=5$

2 (1)
$$\begin{array}{lrr} ①\times5 & 10x+35y= & 5 \\ ②\times2 & +)\ -10x+16y= & 46 \\ \hline & 51y= & 51 \\ & y= & 1 \end{array}$$

$y=1$を①に代入すると，

$2x+7\times1=1$　　$2x=-6$　　$x=-3$

(2)
$$\begin{array}{lrr} ①\times3 & 27x+12y= & 30 \\ ②\times2 & +)\ 14x-12y= & 52 \\ \hline & 41x\quad = & 82 \\ & x= & 2 \end{array}$$

$x=2$を①に代入すると，

$9\times2+4y=10$　　$4y=-8$　　$y=-2$

ポイント

どちらかの式を何倍かしても，1つの文字の係数の絶対値をそろえられないときは，**両方の式を何倍**かしてそろえる。

23 代入法① p.28

解答

1 (1) $x=3$, $y=6$ (2) $x=-4$, $y=2$
2 (1) $x=2$, $y=-3$ (2) $x=-1$, $y=-5$

解き方

上の式を①，下の式を②とする。

1 (1) ②を①に代入すると，

$8x-3\times 2x=6$

$2x=6$

$x=3$

$x=3$を②に代入すると，

$y=2\times 3=6$

(2) ②を①に代入すると，

$-2(-5y+6)+y=10$

$10y-12+y=10$

$11y=22$

$y=2$

$y=2$を②に代入すると，

$x=-5\times 2+6=-4$

2 (1) ①を②に代入すると，

$x-5=-2x+1$

$3x=6$

$x=2$

$x=2$を①に代入すると，

$y=2-5=-3$

(2) ①と②の両方に$2y$があることに着目する。②を①に代入すると，

$7x-(x-9)=3$

$7x-x+9=3$ $6x=-6$ $x=-1$

$x=-1$を②に代入すると，

$2y=-1-9$ $2y=-10$ $y=-5$

ポイント

「$x=\sim$」や「$y=\sim$」の形の式があるときは**代入法**を使うとよい。

2 (1) この形の連立方程式は，このあと3章の1次関数でよく出てくるので，なれておくとよい。

24 代入法② p.29

解答

1 (1) $x=3$, $y=-1$ (2) $x=2$, $y=4$
2 (1) $x=-2$, $y=5$ (2) $x=5$, $y=-1$

解き方

上の式を①，下の式を②とする。

1 (1) ①から，$x=4+y$…①′

①′を②に代入すると，

$3(4+y)+4y=5$ $12+3y+4y=5$

$7y=-7$ $y=-1$

$y=-1$を①′に代入すると，

$x=4+(-1)=3$

(2) ②から，$y=2+x$…②′

②′を①に代入すると，

$5x-2(2+x)=2$ $5x-4-2x=2$

$3x=6$ $x=2$

$x=2$を②′に代入すると，

$y=2+2=4$

2 (1) ②から，$x=3-y$…②′

②′を①に代入すると，

$3(3-y)-2y=-16$

$9-3y-2y=-16$

$-5y=-25$ $y=5$

$y=5$を②′に代入すると，

$x=3-5=-2$

(2) ①から，$y=9-2x$…①′

①′を②に代入すると，

$x-3(9-2x)=8$

$x-27+6x=8$ $7x=35$ $x=5$

$x=5$を①′に代入すると，

$y=9-2\times 5=-1$

ポイント

式を変形して「$x=\sim$」,「$y=\sim$」の形をつくる。

2 (1) ②をyについて解いて，①に代入してもよい。

(2) ②をxについて解いて，①に代入してもよい。

25 いろいろな連立方程式① p.30

解答

1 (1) $x=6$, $y=-2$ (2) $x=-1$, $y=-7$
2 (1) $x=4$, $y=3$ (2) $x=-5$, $y=6$

解き方

上の式を①，下の式を②とする。

1 (1) ①から，$4x+4y=3x-2$

$x+4y=-2$ …①′

$$\begin{array}{lrl} ①' & x+4y= & -2 \\ ② & -)\ x-6y= & 18 \\ \hline & 10y= & -20 \\ & y= & -2 \end{array}$$

$y=-2$ を①′に代入すると，

$x+4\times(-2)=-2$　$x=6$

(2) ②から，$y=6x-3+2$

$y=6x-1$ …②′

②′を①に代入すると，

$2x-(6x-1)=5$　$2x-6x+1=5$

$-4x=4$　$x=-1$

$x=-1$ を②′に代入すると，

$y=6\times(-1)-1=-7$

2 (1) ①から，$5x-10y=-2y-4$

$5x-8y=-4$ …①′

$$\begin{array}{lrl} ①' & 5x-8y= & -4 \\ ②\times2 & -)\ 14x-8y= & 32 \\ \hline & -9x\quad = & -36 \\ & x= & 4 \end{array}$$

$x=4$ を①′に代入すると，

$5\times4-8y=-4$　$-8y=-24$

$y=3$

(2) ①から，$4-4x-3y=6$

$-4x-3y=2$ …①′

②から，$6x+6y=1-x$

$7x+6y=1$ …②′

①′と②′を加減法で解く。

ポイント

かっこのある連立方程式は，まず，**かっこをはずして整理**する。

26 いろいろな連立方程式② p.31

解答

1 (1) $x=3$, $y=-2$ (2) $x=-4$, $y=-10$
2 (1) $x=3$, $y=2$ (2) $x=2$, $y=-4$

解き方

上の式を①，下の式を②とする。

1 (1) ①×6より，$4x+3y=6$ …①′

②を①′に代入すると，

$4x+3(2x-8)=6$　$4x+6x-24=6$

$10x=30$　$x=3$

$x=3$ を②に代入すると，$y=2\times3-8=-2$

(2) ②×20より，$5x-8y=60$ …②′

$$\begin{array}{lrl} ①\times4 & -12x+8y= & -32 \\ ②' & +)\ 5x-8y= & 60 \\ \hline & -7x\quad = & 28 \\ & x= & -4 \end{array}$$

$x=-4$ を①に代入すると，

$-3\times(-4)+2y=-8$　$2y=-20$

$y=-10$

2 (1) ②×10より，$4x-3y=6$ …②′

$$\begin{array}{lrl} ①\times4 & 4x+8y= & 28 \\ ②' & -)\ 4x-3y= & 6 \\ \hline & 11y= & 22 \\ & y= & 2 \end{array}$$

$y=2$ を①に代入すると，

$x+2\times2=7$　$x=3$

(2) ①×10より，$x-2y=10$ …①′

②を①′に代入すると，

$x-2(-3x+2)=10$　$x+6x-4=10$

$7x=14$　$x=2$

$x=2$ を②に代入すると，

$y=-3\times2+2=-4$

ポイント

分数や小数係数の連立方程式は，**式の係数が整数になるように，両辺を何倍かする**。式の右辺が整数だけのときは，何倍かすることを忘れやすいので注意する。

27 いろいろな連立方程式 ③

p.32

解答

1 (1) $x=6,\ y=-3$ (2) $x=-9,\ y=-8$

2 (1) $x=4,\ y=9$ (2) $x=3,\ y=20$

解き方

上の式を①，下の式を②とする。

1 (1) ①×6より，$3x+2y=12$ …①′

②×10より，$3x-4y=30$ …②′

$$\begin{array}{lrr} ①' & 3x+2y= & 12 \\ ②' & -)\ 3x-4y= & 30 \\ \hline & 6y= & -18 \\ & y= & -3 \end{array}$$

$y=-3$を①′に代入すると，

$3x+2\times(-3)=12$　$3x=18$　$x=6$

(2) ①×10より，$-2x+y=10$ …①′

②×12より，$4x-9y=36$ …②′

$$\begin{array}{lrr} ①'\times2 & -4x+2y= & 20 \\ ②' & +)\ 4x-9y= & 36 \\ \hline & -7y= & 56 \\ & y= & -8 \end{array}$$

$y=-8$を①′に代入すると，

$-2x+(-8)=10$　$-2x=18$

$x=-9$

2 (1) ②×100より，$7x+8y=100$ …②′

$$\begin{array}{lrr} ①\times7 & 7x+7y= & 91 \\ ②' & -)\ 7x+8y= & 100 \\ \hline & -y= & -9 \\ & y= & 9 \end{array}$$

$y=9$を①に代入すると，$x+9=13$　$x=4$

(2) ①×100より，$40x+9y=300$ …①′

$$\begin{array}{lrr} ①' & 40x+9y= & 300 \\ ②\times8 & +)\ -40x+16y= & 200 \\ \hline & 25y= & 500 \\ & y= & 20 \end{array}$$

$y=20$を②に代入すると，

$-5x+2\times20=25$　$-5x=-15$　$x=3$

ポイント

まず，各式の係数を整数にすることを考える。

28 いろいろな連立方程式 ④

p.33

解答

1 (1) $x=1,\ y=-2$ (2) $x=-5,\ y=3$

2 (1) $x=-2,\ y=3$ (2) $x=-4,\ y=-7$

解き方

1 (1) $\begin{cases} 7x+2y=3 & \cdots① \\ x-y=3 & \cdots② \end{cases}$ を解くと，

$$\begin{array}{lrr} ① & 7x+2y= & 3 \\ ②\times2 & +)\ 2x-2y= & 6 \\ \hline & 9x\quad\ = & 9 \\ & x= & 1 \end{array}$$

$x=1$を②に代入すると，

$1-y=3$　$-y=2$　$y=-2$

(2) $\begin{cases} x+2y=1 & \cdots① \\ 4x+9y-6=1 & \cdots② \end{cases}$ を解くと，

②から，$4x+9y=7$ …②′

$$\begin{array}{lrr} ①\times4 & 4x+8y= & 4 \\ ②' & -)\ 4x+9y= & 7 \\ \hline & -y= & -3 \\ & y= & 3 \end{array}$$

$y=3$を①に代入すると，

$x+2\times3=1$　$x=-5$

2 (1) $\begin{cases} 2x+y=-x+2y-9 & \cdots① \\ 5x+3y=-x+2y-9 & \cdots② \end{cases}$ を解くと，

①から，$3x-y=-9$ …①′

②から，$6x+y=-9$ …②′

①′＋②′より，$9x=-18$　$x=-2$

$x=-2$を②′に代入すると，$y=3$

(2) $\begin{cases} 3x-2y=3y+23 & \cdots① \\ 3x-2y=4x+18 & \cdots② \end{cases}$ を解くと，

①から，$3x-5y=23$ …①′

②から，$-x-2y=18$ …②′

①′＋②′×3より，$-11y=77$　$y=-7$

$y=-7$を②′に代入すると，$x=-4$

ポイント

1 $A=B=C$で，Cが数の項だけの場合は，

$\begin{cases} A=C \\ B=C \end{cases}$ の形にするとよい。

29 連立方程式の利用①

p.34

解答

1 (1) ア…12　イ…$300x+250y$

(2) プリン4個，ゼリー8個

2 (1) $\begin{cases} x+y=15 \\ 500x+100y=2700 \end{cases}$

(2) 500円硬貨3枚，100円硬貨12枚

解き方

1 (1) $x+y$はプリンとゼリーの個数の合計を表す式だから，アは12

また，イにはプリンとゼリーの代金の合計を表す式が入るから，$300x+250y$

(2) $\begin{cases} x+y=12 & \cdots① \\ 300x+250y=3200 & \cdots② \end{cases}$

①×300　　$300x+300y=3600$

②　　$-)\ 300x+250y=3200$

$50y=400$

$y=8$

$y=8$を①に代入すると，$x+8=12$　　$x=4$

この解は問題にあっている。

2 (1) 枚数の関係から，

(500円硬貨の枚数)＋(100円硬貨の枚数)＝15

よって，$x+y=15$

金額の関係から，

(500円硬貨の金額)＋(100円硬貨の金額)＝2700

よって，$500x+100y=2700$

(2) $\begin{cases} x+y=15 & \cdots① \\ 500x+100y=2700 & \cdots② \end{cases}$

①×100　　$100x+100y=1500$

②　　$-)\ 500x+100y=2700$

$-400x=-1200$

$x=3$

$x=3$を①に代入すると，$3+y=15$　　$y=12$

この解は問題にあっている。

ポイント

数量の関係は，ことばの式で表すとよい。

(代金)＝(1個の値段)×(個数)

30 連立方程式の利用②

p.35

解答

1 (1) ア…3500　イ…$10x+3y$

(2) 中学生300円，おとな500円

2 (1) $\begin{cases} 3x+4y=2200 \\ x=2y-100 \end{cases}$

(2) ケーキ400円，マフィン250円

解き方

1 (1) $5x+4y$は中学生5人とおとな4人の入園料の合計を表す式だから，アは3500

また，イには中学生10人とおとな3人の入園料の合計を表す式が入るから，$10x+3y$

(2) $\begin{cases} 5x+4y=3500 & \cdots① \\ 10x+3y=4500 & \cdots② \end{cases}$

①×2　　$10x+8y=7000$

②　　$-)\ 10x+3y=4500$

$5y=2500$

$y=500$

$y=500$を①に代入すると，

$5x+4\times500=3500$　　$5x=1500$

$x=300$

この解は問題にあっている。

2 (1) ケーキ3個とマフィン4個の代金の関係と，ケーキ1個とマフィン1個の値段の関係に着目して，それぞれを式で表す。

(2) $\begin{cases} 3x+4y=2200 & \cdots① \\ x=2y-100 & \cdots② \end{cases}$

②を①に代入すると，

$3(2y-100)+4y=2200$

$6y-300+4y=2200$　　$10y=2500$

$y=250$

$y=250$を②に代入すると，

$x=2\times250-100=400$

この解は問題にあっている。

ポイント

2 (2) 「$x=\sim$」の形の式があるときは，代入法で解くとよい。

31 連立方程式の利用③ p.36

解答

1 (1) $\begin{cases} x+y=80 \\ \dfrac{x}{20}+\dfrac{y}{15}=5 \end{cases}$

(2) A地点～P地点20km，
P地点～B地点60km

2 (1) $\begin{cases} x+y=21 \\ 70x+100y=1800 \end{cases}$

(2) 歩いた時間10分，走った時間11分

解き方

1 (1) 道のりの関係と，時間の関係に着目する。

(2) $\begin{cases} x+y=80 & \cdots① \\ \dfrac{x}{20}+\dfrac{y}{15}=5 & \cdots② \end{cases}$

②×60　$3x+4y=300$
①×3　$-)\ 3x+3y=240$
　　　　$y=60$

$y=60$を①に代入すると，$x+60=80$
$x=20$
この解は問題にあっている。

2 (1) 時間の関係から，$x+y=21$
道のりの関係から，$70x+100y=1800$

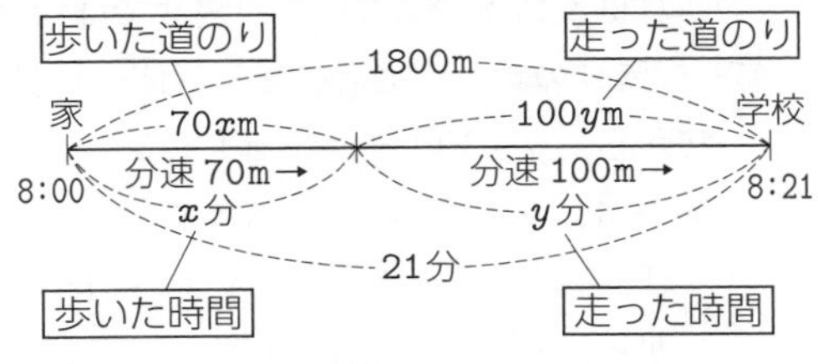

(2) $\begin{cases} x+y=21 & \cdots① \\ 70x+100y=1800 & \cdots② \end{cases}$

①×100－②より，$30x=300$　　$x=10$
$x=10$を①に代入すると，$10+y=21$
$y=11$
この解は問題にあっている。

ポイント

道のり・速さ・時間の関係

・**道のり＝速さ×時間**

・**速さ＝$\dfrac{道のり}{時間}$**　・**時間＝$\dfrac{道のり}{速さ}$**

32 連立方程式の利用④ p.37

解答

1 (1) $\begin{cases} x+y=800 \\ \dfrac{80}{100}x+\dfrac{70}{100}y=585 \end{cases}$

(2) おとな250人，子ども550人

2 (1) バッグ$\dfrac{80}{100}x$円，スカーフ$\dfrac{85}{100}y$円

(2) バッグ3500円，スカーフ2000円

解き方

1 (1) 昨日の入場者数の関係と，今日の入場者数の関係に着目する。文字を使った割合の表し方に注意する。

(2) $\begin{cases} x+y=800 & \cdots① \\ \dfrac{80}{100}x+\dfrac{70}{100}y=585 & \cdots② \end{cases}$

②×100　$80x+70y=58500$
①×70　$-)\ 70x+70y=56000$
　　　　$10x\quad=2500$
　　　　$x=250$

$x=250$を①に代入すると，
$250+y=800$　　$y=550$
この解は問題にあっている。

2 (1) 定価に対する代金の割合は，
バッグが，100－20＝80(%)，
スカーフが，100－15＝85(%)

(2) 定価の関係から，$x+y=5500$　…①
代金の関係から，
$\dfrac{80}{100}x+\dfrac{85}{100}y=4500$　…②
①，②を連立方程式として解くと，
$x=3500$，$y=2000$
この解は問題にあっている。

ポイント

割合の表し方

$a\% \rightarrow \dfrac{a}{100}$

方程式を解くとき，分母をはらう計算がしやすいので，分母は100のまま約分しなくてよい。

33 1次関数

p.38

解答

1 (1)

x	0	1	2	3	4
y	8	11	14	17	20

(2) $y=3x+8$

(3) **いえる**　(4) **いえる**

2 (1) ○，**xに比例する部分…$-8x$**

(2) ○，**xに比例する部分…$5x$**

(3) ×

(4) ○，**xに比例する部分…$\frac{1}{7}x$**

解き方

1 (1) xの値が1増えると，yの値は3増える。

(2) (x分後の水そうの水の量)

=(最初の量)+(x分間に入った量)

だから，$y=8+3\times x=3x+8$

(3) xの値を決めると，それに対応してyの値がただ1つに決まるから，yはxの関数である。

(4) yはxの1次式で表されるから，yはxの1次関数である。

2 式が$y=ax+b$の形で表されているかどうかを調べる。また，$y=ax+b$において，xに比例する部分は「ax」である。

(1) $a=-8$，$b=9$の1次関数である。

(2) $y=5x+2$と変形できるから，$a=5$，$b=2$の1次関数である。

(3) 反比例は1次関数ではない。

(4) $y=\frac{1}{7}x+0$と考えると，$a=\frac{1}{7}$，$b=0$

比例は，$y=ax+b$で$b=0$となる，1次関数の特別な場合である。

ポイント

yがxの関数で，yがxの1次式で表されるとき，yはxの**1次関数**であるという。

1次関数の式… **$y=ax+b$**　　a，bは定数

34 身のまわりの1次関数

p.39

解答

1 (1) $y=0.1x+9$　(2) **いえる**

(3) 11 cm　(4) 30 g

2 (1) ×　(2) ○

(3) ×　(4) ○

解き方

1 (1) (ばねの長さ)

=(最初の長さ)+(おもりでのびた長さ)

だから，$y=9+0.1\times x=0.1x+9$

(2) $y=ax+b$で，$a=0.1$，$b=9$だから，1次関数といえる。

(3) $y=0.1x+9$に$x=20$を代入すると，

$y=0.1\times 20+9=11$

(4) $y=0.1x+9$に$y=12$を代入すると，

$12=0.1x+9$　　$-0.1x=-3$　　$x=30$

2 yをxの式で表したときに，$y=ax+b$の形で表されるかどうかを調べる。

(1) (コップ1個分の量)

=(全体の量)÷(コップの数)

だから，$y=2000\div x=\frac{2000}{x}$

これは反比例の式で，1次関数ではない。

(2) (残りの量)=(最初の量)−(使った量)

だから，$y=300-x=-x+300$

$a=-1$，$b=300$の1次関数である。

(3) (円の面積)=(半径)×(半径)×(円周率)

だから，$y=x\times x\times\pi=\pi x^2$

$y=ax+b$の形ではないから，これは1次関数ではない。

(4) (道のり)=(速さ)×(時間)

だから，$y=80\times x=80x$

これは比例の式で，$a=80$，$b=0$の1次関数である。

ポイント

2 比例は1次関数の特別な場合である。

反比例は1次関数ではない。

35 変化の割合 p.40

解答

1 (1) 2 (2) 10 (3) 5

2 (1) 3 (2) -7

(3) 1 (4) $-\frac{3}{5}$

3 (1) 8 (2) -12 (3) 1

解き方

1 (1) $3-1=2$

(2) yの値は，

$x=1$のとき，$y=5\times1+2=7$

$x=3$のとき，$y=5\times3+2=17$

よって，yの増加量は，$17-7=10$

(3) 変化の割合 $=\dfrac{y\text{の増加量}}{x\text{の増加量}}=\dfrac{10}{2}=5$

2 1次関数 $y=ax+b$ の変化の割合は一定で，a に等しいから，式を見ればすぐわかる。

(1) $y=\underline{3}x-8$ より，変化の割合は3

(2) $y=\underline{-7}x+4$ より，変化の割合は -7

(3) $y=x+6=\underline{1}x+6$ より，変化の割合は1

(4) $y=\underline{-\frac{3}{5}}x-1$ より，変化の割合は $-\frac{3}{5}$

3 $\dfrac{y\text{の増加量}}{x\text{の増加量}}=a \rightarrow y\text{の増加量}=a\times(x\text{の増加量})$

(1) $a=2$だから，yの増加量 $=2\times4=8$

(2) $a=-3$だから，yの増加量 $=-3\times4=-12$

(3) $a=\frac{1}{4}$だから，yの増加量 $=\frac{1}{4}\times4=1$

ポイント

1次関数 **$y=ax+b$ の変化の割合は一定**で，a に等しい。

変化の割合 $=\dfrac{y\text{の増加量}}{x\text{の増加量}}=a$

yの増加量 $=a\times(x\text{の増加量})$

aは，xの値が1増加するときのyの増加量ともいえる。

36 1次関数以外の変化の割合 p.41

解答

1 (1) -9 (2) -3

2 (1) $\frac{3}{5}$ (2) $\frac{1}{5}$

3 (1) $-\frac{1}{3}$ (2) -2

4 (1) $\frac{3}{2}$ (2) 4

解き方

1 (1) $x=1$のとき，$y=\frac{18}{1}=18$

$x=2$のとき，$y=\frac{18}{2}=9$

変化の割合 $=\dfrac{y\text{の増加量}}{x\text{の増加量}}=\dfrac{9-18}{2-1}=\dfrac{-9}{1}=-9$

(2) $x=2$のとき，$y=\frac{18}{2}=9$

$x=3$のとき，$y=\frac{18}{3}=6$

変化の割合 $=\dfrac{6-9}{3-2}=\dfrac{-3}{1}=-3$

2 (1) $x=5$のとき，$y=-\frac{30}{5}=-6$

$x=10$のとき，$y=-\frac{30}{10}=-3$

変化の割合 $=\dfrac{-3-(-6)}{10-5}=\dfrac{3}{5}$

(2) $x=10$のとき $y=-3$

$x=15$のとき $y=-2$

$\dfrac{-2-(-3)}{15-10}=\dfrac{1}{5}$

3 (1) $\dfrac{-4-(-3)}{-9-(-12)}=\dfrac{-1}{3}=-\dfrac{1}{3}$

x	-12	-9
y	-3	-4

(2) $\dfrac{-12-(-6)}{-3-(-6)}=\dfrac{-6}{3}=-2$

x	-6	-3
y	-6	-12

4 (1) $\dfrac{12-6}{-4-(-8)}=\dfrac{6}{4}=\dfrac{3}{2}$

x	-8	-4
y	6	12

(2) $\dfrac{24-8}{-2-(-6)}=\dfrac{16}{4}=4$

x	-6	-2
y	8	24

ポイント

反比例では，変化の割合は一定ではない。

37 比例と1次関数のグラフ

p.42

解答

1

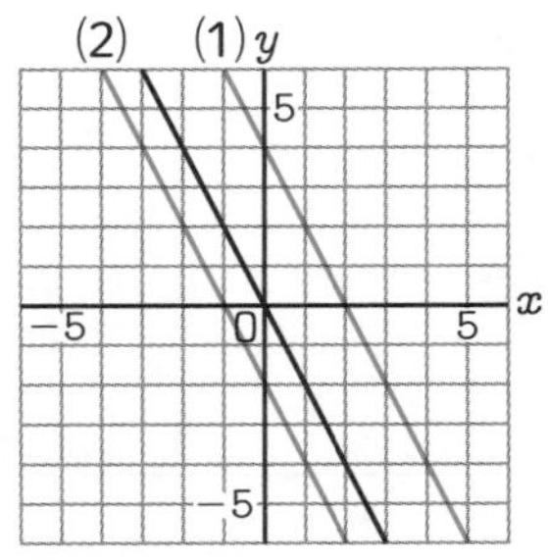

2 (1) 上方に2だけ平行移動

(2) 下方に3(上方に−3)だけ平行移動

(3) 上方に1だけ平行移動

(4) 下方に4(上方に−4)だけ平行移動

解き方

1 (1) $y=-2x+4$ のグラフは，$y=-2x$ のグラフを，上方に4だけ平方移動させたものになる。したがって，点(0, 4)を通り，$y=-2x$ のグラフに平行な直線をひけばよい。

(2) $y=-2x-2$ のグラフは，$y=-2x$ のグラフを，下方に2(上方に−2)だけ平方移動させたものになる。したがって，点(0, −2)を通り，$y=-2x$ のグラフに平行な直線をひけばよい。

2 (1)

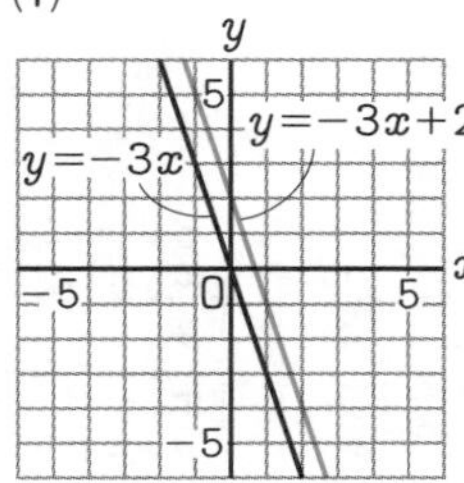

(2)

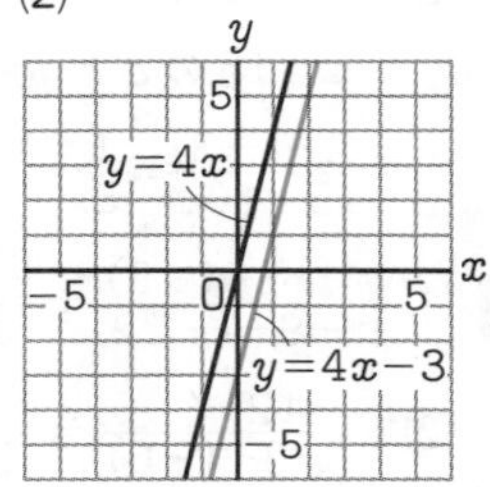

(3)

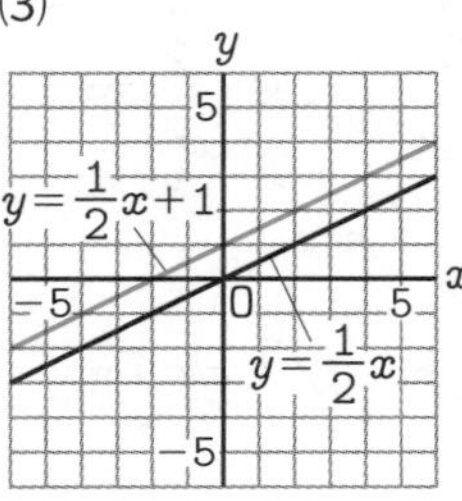

(4)

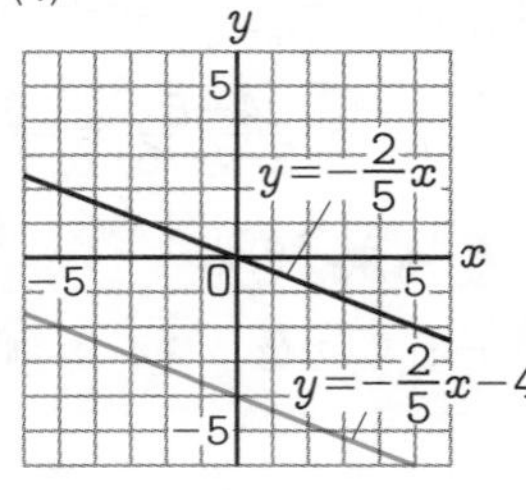

ポイント

2 $y=ax+b$ の b の値に着目する。

38 切片と傾き

p.43

解答

1 (1) 傾き5，切片−8，右上がり

(2) 傾き−1，切片9，右下がり

(3) 傾き$\frac{1}{3}$，切片6，右上がり

(4) 傾き$-\frac{5}{2}$，切片−10，右下がり

2 (1) 上へ8進む

(2) 下へ3(上へ−3)進む

3 (1) イとウ (2) ウとカ

解き方

1 直線 $y=ax+b$ で，a が傾き，b が切片である。また，直線は $a>0$ ならば右上がり，$a<0$ ならば右下がりとなる。

(1) $y=5x+(-8)$ より，$a=5$，$b=-8$
また，$a>0$ だから，右上がりである。

(2) $y=(-1)\times x+9$ より，$a=-1$，$b=9$
また，$a<0$ だから，右下がりである。

(3) $a=\frac{1}{3}$，$b=6$

(4) $a=-\frac{5}{2}$，$b=-10$

2 (1) 傾きが2だから，右へ1進むと上へ2進む。
したがって，右へ4進むと，上へ
$2\times4=8$ 進む。

(2) 傾きが $-\frac{3}{4}$ だから，右へ1進むと下へ$\frac{3}{4}$進む。
したがって，右へ4進むと，下へ
$\frac{3}{4}\times4=3$ 進む。

3 (1) 傾きが等しいものを選ぶ。**イ**と**ウ**が4で等しい。

(2) 切片が等しいものを選ぶ。**ウ**と**カ**が−5で等しい。

ポイント

直線 $y=ax+b$ で，**傾き**は a，**切片**は b

39 グラフをかく

p.44

解答

1 (1) 傾き $-\frac{3}{2}$，切片4

(2) ア　4　イ　3　ウ　1

(3)

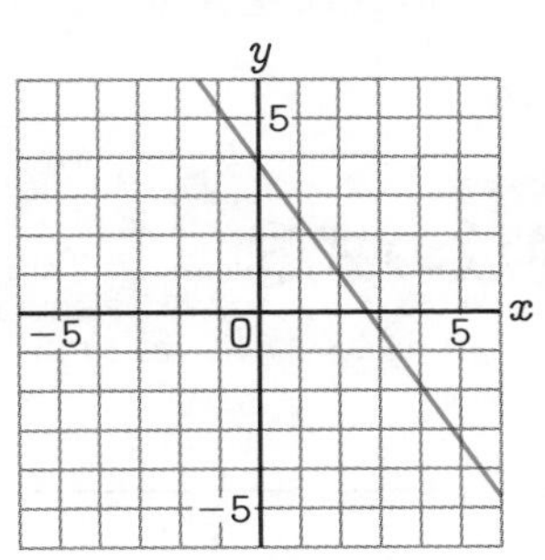

2 (1)

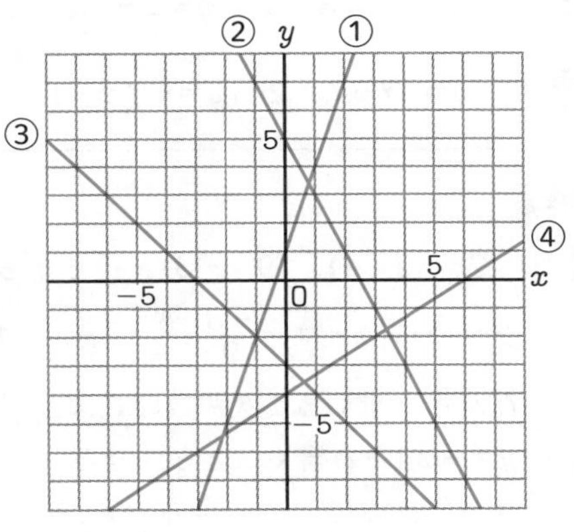

(2) $-7 \leqq y \leqq 2$

解き方

1 (2) 切片が4だから，グラフは点(0，4)を通る。また，傾きが $-\frac{3}{2}$ だから，点(0，4)から右へ2，下へ3(上へ−3)進んだ点も通る。その点の座標は，(0+2，4−3)だから，(2，1)である。

(3) 2点(0，4)，(2，1)を通る直線をかく。

2 (1) まず，切片で y 軸との交点を決める。

① 傾き3，切片1 → 点(0，1)を通り，傾きが3の直線になる。

② 傾き−2，切片5 → 点(0，5)を通り，傾きが−2の直線になる。

③ 傾き−1，切片−3

④ 傾き $\frac{2}{3}$，切片−4

(2) $x=-5$ のとき，$y=-(-5)-3=2$

$x=4$ のとき，$y=-4-3=-7$

したがって，y の変域は，$-7 \leqq y \leqq 2$

また，$x=-5$，$x=4$ のときの y の値は，(1)③のグラフでも確かめられる。

ポイント

1次関数 $y=ax+b$ のグラフは傾き a，切片 b の直線である。

40 1次関数の式①

p.45

解答

1 (1) 2　(2) $-\frac{4}{3}$

(3) $y=-\frac{4}{3}x+2$

2 (1) $y=x+6$　(2) $y=2x-5$

(3) $y=-\frac{1}{4}x-3$

解き方

1 (1) y 軸との交点が(0，2)だから，切片は2

(2) 右へ3進むと下へ4進むから，傾きは $-\frac{4}{3}$

(3) 傾きが $-\frac{4}{3}$ で，切片が2だから，

直線の式は，$y=-\frac{4}{3}x+2$

2 (1) y 軸との交点が(0，6)だから，切片は6
右へ1進むと上へ1進むから，傾きは1
よって，直線の式は，$y=x+6$

(2) y 軸との交点が(0，−5)だから，切片は−5，右へ1進むと上へ2進むから，傾きは2
よって，直線の式は，$y=2x-5$

(3) y 軸との交点が(0，−3)だから，切片は−3，右へ4進むと下へ1進むから，傾きは $-\frac{1}{4}$

よって，直線の式は，$y=-\frac{1}{4}x-3$

ポイント

2 まず切片を読みとり，次に傾きを読みとる。

41 1次関数の式② p.46

解答

1 (1) $y=-3x+7$ (2) $y=x-6$

(3) $y=\frac{1}{2}x+5$

2 (1) $y=-2x+4$ (2) $y=5x-3$

(3) $y=-\frac{3}{4}x-9$

解き方

1 (1) グラフの傾きが-3だから，求める1次関数の式は，$y=-3x+b$と書くことができる。
グラフは点$(2,\ 1)$を通るから，
式に$x=2$，$y=1$を代入すると，
$1=-3\times2+b$　　$b=7$
よって，式は，$y=-3x+7$

(2) グラフの傾きが1だから，$y=x+b$
グラフは点$(3,\ -3)$を通るから，
$-3=3+b$　　$b=-6$
よって，式は，$y=x-6$

(3) グラフの傾きが$\frac{1}{2}$だから，$y=\frac{1}{2}x+b$
グラフは点$(-6,\ 2)$を通るから，
$2=\frac{1}{2}\times(-6)+b$　　$b=5$
よって，式は，$y=\frac{1}{2}x+5$

2 (1) 変化の割合が-2だから，$y=-2x+b$
$x=6$のとき$y=-8$だから，
式に$x=6$，$y=-8$を代入すると，
$-8=-2\times6+b$　　$b=4$
よって，式は，$y=-2x+4$

(2) 平行な直線の傾きは等しいから，
$y=5x+b$
グラフは点$(4,\ 17)$を通るから，
$17=5\times4+b$　　$b=-3$
よって，式は，$y=5x-3$

(3) グラフの切片が-9だから，求める1次関数の式は，$y=ax-9$と書くことができる。
グラフは点$(-8,\ -3)$を通るから，
$-3=a\times(-8)-9$　　$8a=-6$　　$a=-\frac{3}{4}$
よって，式は，$y=-\frac{3}{4}x-9$

ポイント

グラフの傾きと1点の座標から求める方法
$y=ax+b$に，aの値と1組のx，yの値を代入して，bの値を求める。
傾きではなく切片がわかっている場合も，同様の方法でaの値を求めることができる。

42 1次関数の式③ p.47

解答

1 (1) $y=-x+6$ (2) $y=\frac{3}{2}x+4$

2 (1) $y=4x-7$ (2) $y=-\frac{3}{5}x-1$

解き方

1 (1) 2点$(2,\ 4)$，$(9,\ -3)$を通るから，
グラフの傾きは，$\frac{-3-4}{9-2}=\frac{-7}{7}=-1$
だから，求める1次関数の式は，
$y=-x+b$と書くことができる。
グラフは点$(2,\ 4)$を通るから，
式に$x=2$，$y=4$を代入すると，
$4=-2+b$　　$b=6$
よって，式は，$y=-x+6$

（別解）　求める式を$y=ax+b$とする。
点$(2,\ 4)$を通るから，式に$x=2$，$y=4$を代入すると，$4=a\times2+b$　…①
点$(9,\ -3)$を通るから，式に$x=9$，$y=-3$を代入すると，$-3=a\times9+b$　…②
①，②を，a，bについての連立方程式として解くと，$a=-1$，$b=6$

(2) 2点$(-6,\ -5)$，$(2,\ 7)$を通るから，
グラフの傾きは，$\frac{7-(-5)}{2-(-6)}=\frac{12}{8}=\frac{3}{2}$
求める式は，$y=\frac{3}{2}x+b$
点$(2,\ 7)$を通るから，$7=\frac{3}{2}\times2+b$　　$b=4$
よって，式は，$y=\frac{3}{2}x+4$

（別解）　求める式を$y=ax+b$とする。

点$(-6, -5)$を通るから，

$-5=a\times(-6)+b$ …①

点$(2, 7)$を通るから，

$7=a\times2+b$ …②

①，②を連立方程式として解くと，

$a=\frac{3}{2}$，$b=4$

2 (1) $x=1$のとき$y=-3$，$x=4$のとき$y=9$

だから，変化の割合は，$\frac{9-(-3)}{4-1}=\frac{12}{3}=4$

求める式は，$y=4x+b$

$x=1$のとき$y=-3$だから，

$-3=4\times1+b$　　$b=-7$

よって，式は，$y=4x-7$

（別解）　求める式を$y=ax+b$とする。

$x=1$のとき$y=-3$だから，

$-3=a\times1+b$ …①

$x=4$のとき$y=9$だから，

$9=a\times4+b$ …②

①，②を，連立方程式として解くと，

$a=4$，$b=-7$

(2) $x=-5$のとき$y=2$，$x=5$のとき$y=-4$

だから，変化の割合は，$\frac{-4-2}{5-(-5)}=\frac{-6}{10}=-\frac{3}{5}$

求める式は，$y=-\frac{3}{5}x+b$

$x=5$のとき$y=-4$だから，

$-4=-\frac{3}{5}\times5+b$　　$b=-1$

よって，式は，$y=-\frac{3}{5}x-1$

（別解）　求める式を$y=ax+b$とする。

$x=-5$のとき$y=2$だから

$2=a\times(-5)+b$ …①

$x=5$のとき$y=-4$だから，

$-4=a\times5+b$ …②

①，②を連立方程式として解くと，

$a=-\frac{3}{5}$，$b=-1$

ポイント

2点の座標から求める方法

方法1　**グラフの傾きaを求めて**から，**1組のx，yの値を代入**して，bの値を求める。

方法2　**$y=ax+b$に2組のx，yの値を代入**して，a，bについての連立方程式を解く。

43 方程式とグラフ

p.48

解答

1 (1) $y=\frac{1}{3}x-2$　(2) 下の図の①

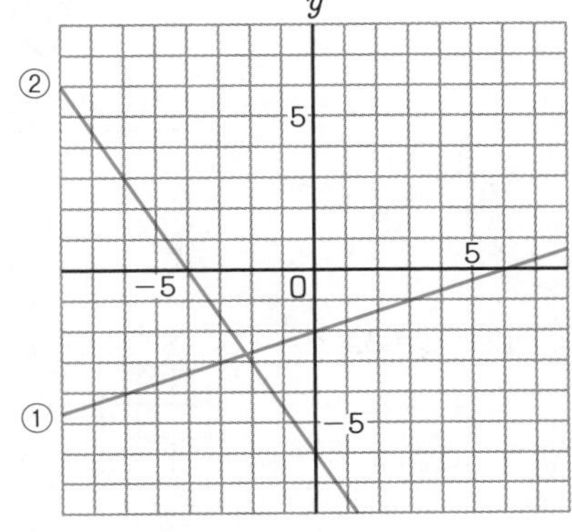

2 (1) x軸$(-4, 0)$　y軸$(0, -6)$

(2) 上の**1**(2)の図の②

3

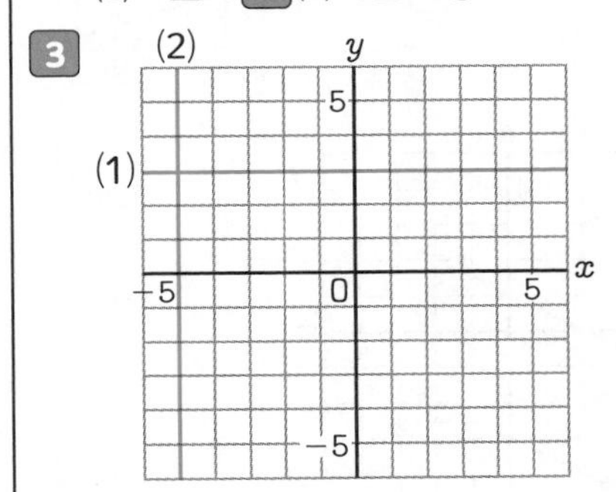

解き方

1 (1) $x-3y=6$　　$-3y=-x+6$

$y=\frac{1}{3}x-2$

2 (1) x軸との交点は，②に$y=0$を代入して，

$3x=-12$　　$x=-4$　　よって，$(-4, 0)$

y軸との交点は，②に$x=0$を代入して，

$2y=-12$　　$y=-6$　　よって，$(0, -6)$

(2) 2点$(-4, 0)$，$(0, -6)$を通る直線になる。

3 (1) $3y=9$　　$y=3$　　点$(0, 3)$を通り，x軸に平行な直線になる。

(2) $2x=-10$　　$x=-5$　　点$(-5, 0)$を通り，y軸に平行な直線になる。

ポイント

$y=k$のグラフ…x軸に平行な直線

$x=h$のグラフ…y軸に平行な直線

44 連立方程式とグラフ

p.49

解答

1 (1)　$x=-1$，$y=2$

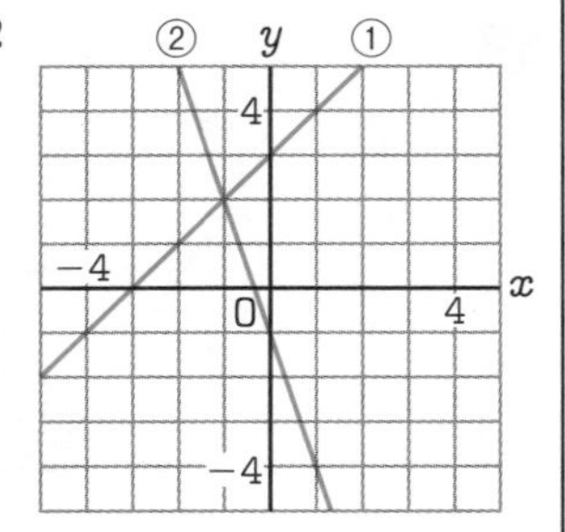

(2)　$x=3$，$y=-3$

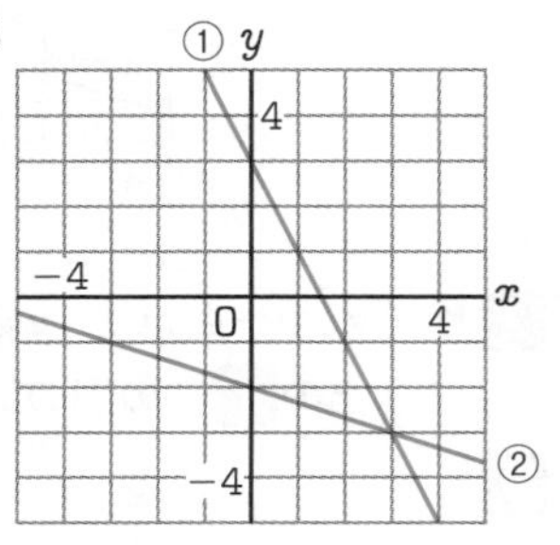

2 (1)

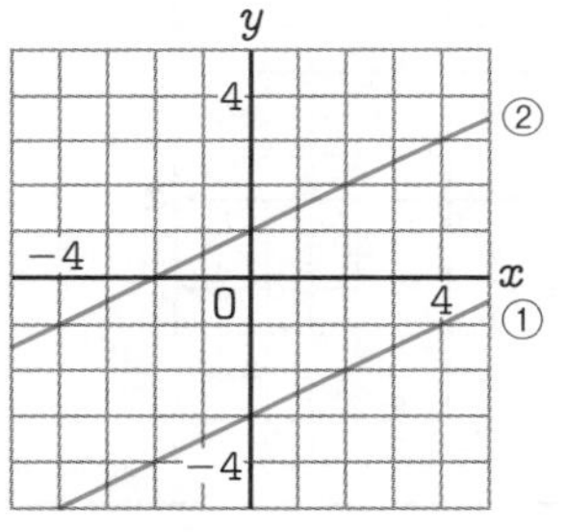

(2)　**（例）　平行で交わらない。**

解き方

1 (1)　それぞれの方程式をyについて解くと，

①は$y=x+3$，②は$y=-3x-1$

交点の座標は$(-1,\ 2)$

$x=-1$，$y=2$は，2つの方程式を同時に成り立たせるから，連立方程式の解である。

(2)　①は$y=-2x+3$，②は$y=-\frac{1}{3}x-2$

交点の座標は$(3,\ -3)$

2 (1)　①は$y=\frac{1}{2}x-3$，②は$y=\frac{1}{2}x+1$

ポイント

連立方程式の解は，それぞれの方程式のグラフの交点のx座標，y座標の組である。

45 2直線の交点の座標

p.50

解答

1 (1)　$(-4,\ 2)$　(2)　$\left(\frac{8}{9},\ -\frac{20}{9}\right)$

2 (1)　$\left(-\frac{3}{2},\ \frac{5}{2}\right)$　(2)　$\left(\frac{8}{3},\ \frac{10}{3}\right)$

解き方

1 (1)　$\begin{cases} y=x+6 & \cdots① \\ y=-2x-6 & \cdots② \end{cases}$ を解く。

①を②に代入すると，

$x+6=-2x-6$　　$3x=-12$　　$x=-4$

$x=-4$を①に代入すると，$y=-4+6=2$

よって，交点の座標は$(-4,\ 2)$

(2)　$\begin{cases} y=-\frac{1}{4}x-2 & \cdots① \\ y=2x-4 & \cdots② \end{cases}$ を解く。

②を①に代入すると，

$2x-4=-\frac{1}{4}x-2$　両辺を4倍すると，

$8x-16=-x-8$　　$9x=8$　　$x=\frac{8}{9}$

$x=\frac{8}{9}$を②に代入すると，$y=2\times\frac{8}{9}-4=-\frac{20}{9}$

よって，交点の座標は$\left(\frac{8}{9},\ -\frac{20}{9}\right)$

2 (1)　直線①は傾きが-1で，切片が1だから，

式は$y=-x+1$

直線②は傾きが-3で，切片が-2だから，

式は$y=-3x-2$

①，②の式を連立方程式として解く。

(2)　直線①は傾きが2で，切片が-2だから，

式は$y=2x-2$

直線②は傾きが$\frac{1}{2}$で，切片が2だから，

式は$y=\frac{1}{2}x+2$

①，②の式を連立方程式として解く。

ポイント

2直線の交点の座標

2直線の方程式を組にした**連立方程式を解いて求める**。

46 1次関数の利用①

p.51

解答

1 (1) 94°C
(2) **1分間に上がる水温**

2 (1) $y=-6x+21$ (2) 16.5°C

解き方

1 (1) 直線の式$y=8x+22$に$x=9$を代入すると，
$y=8\times9+22=94$
よって，94°C

(2) 直線の傾きは，1次関数の変化の割合であり，xが1増加したときのyの増加量を表すから，この場合は，1分間に上がる水温を表している。

2 (1) 直線は点(0，21)を通るから，式は，
$y=ax+21$と書くことができる。
点(1，15)を通るから，式に$x=1$，$y=15$を代入すると，
$15=a\times1+21$　　$a=-6$
よって，式は，$y=-6x+21$

(2) 750m＝0.75km
$y=-6x+21$に$x=0.75$を代入すると，
$y=-6\times0.75+21=16.5$
よって，16.5°C

ポイント

2つの数量についての実験や測定，観察で得られたデータが直線上に並ぶとき，2つの数量が1次関数の関係にあるとみなして，考察することがある。

47 1次関数の利用②

p.52

解答

1 (1) 8km
(2) **図書館に寄る前**

2 (1) 400m (2) $y=-60x+3000$

解き方

1 (1) $20\leqq x\leqq60$のとき，yの値は$y=6$で変化しないから，このときAさんは図書館にいることが読みとれる。よって，Aさんの家から図書館までは6km　また，Aさんの家からいとこの家までは14kmあるから，図書館からいとこの家までは，14−6＝8(km)

(2) 図書館に寄る前は，6kmを20分で歩いたから，$\frac{6}{20}=\frac{3}{10}$　　よって，分速$\frac{3}{10}$km
図書館に寄ったあとは，8kmを
90−60＝30(分)で歩いたから，$\frac{8}{30}=\frac{4}{15}$
よって，分速$\frac{4}{15}$km
$\frac{3}{10}>\frac{4}{15}$だから，図書館に寄る前のほうが速い。
なお，直線の傾きは速さを表すから，実際の速さを求めなくても，見た目の傾きを比べて，図書館に寄る前のほうが速いことを読みとってもよい。

2 (1) Bさんの家から郵便局までは1200m
家を出発してから10分後に，Bさんは家から800mのところにいるから，郵便局までの残りの道のりは，1200−800＝400(m)

(2) グラフから，Bさんは$x=30$のときに郵便局を出発して，一定の速さで進み，$x=50$のときに家に着いたことが読みとれる。
よって，2点(30，1200)，(50，0)を通る直線の式を求めればよい。
直線の傾きは，$\frac{0-1200}{50-30}=-60$だから，式は$y=-60x+b$と書くことができる。
点(50，0)を通るから，
$0=-60\times50+b$　　$b=3000$
よって，式は，$y=-60x+3000$

ポイント

x軸に時間，y軸に道のりをとったグラフでは，直線の傾きは$\frac{\text{進んだ道のり}}{\text{かかった時間}}$となって，速さを表している。

48 1次関数の利用③ p.53

解答

1

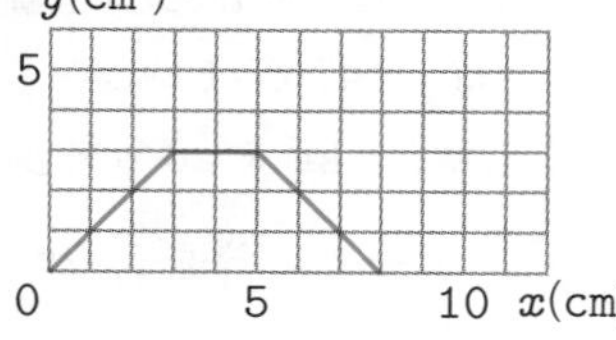

2 (1) $y=2x$　(2) $y=-\frac{3}{2}x+\frac{21}{2}$

(3)

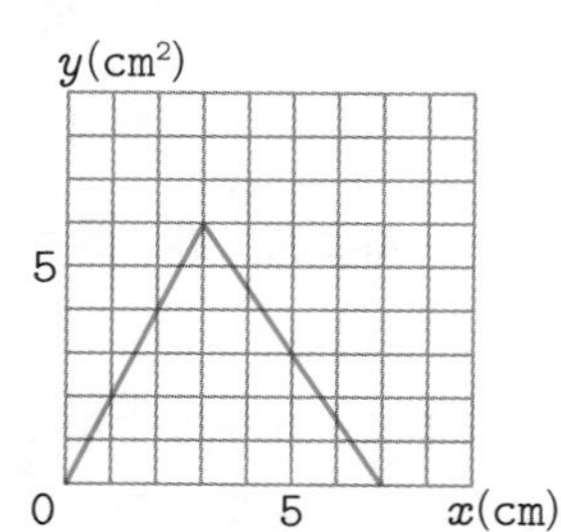

解き方

1 点Pが各辺上を動くときのxの変域に注意する。

・辺AB上を動くとき
AB=3cmだから，
xの変域は，
$0 \leqq x \leqq 3$

・辺BC上を動くとき
BC=2cmだから，
xの変域は，
$3 \leqq x \leqq 5$

・辺CD上を動くとき
CD=3cmだから，
xの変域は，
$5 \leqq x \leqq 8$

よって，xの変域とともに，
xとyの関係を表すと，
$y=x\,(0 \leqq x \leqq 3)$
$y=3\,(3 \leqq x \leqq 5)$
$y=-x+8\,(5 \leqq x \leqq 8)$

これらをグラフに表すと，グラフは，
(0，0)，(3，3)，(5，3)，(8，0)を結ぶ形になる。
$3 \leqq x \leqq 5$のときは，面積が一定だから，グラフはx軸に平行になることに注意する。

2 (1) BC=3cmだから，

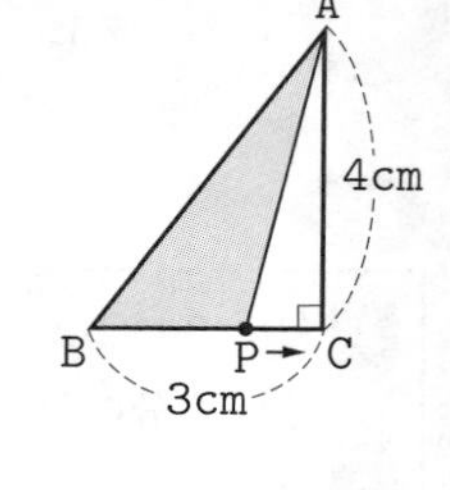

点Pが辺BC上を動くときのxの変域は，
$0 \leqq x \leqq 3$
△ABPの底辺をBPとすると，高さはACとなる。
BP=$x$cmだから，
面積は，$\frac{1}{2} \times \mathrm{BP} \times \mathrm{AC}=\frac{1}{2} \times x \times 4=2x\,(\mathrm{cm}^2)$
よって，$y=2x\,(0 \leqq x \leqq 3)$

(2) CA=4cmだから，
点Pが辺CA上を動くときのxの変域は，
$3 \leqq x \leqq 7$
△ABPの底辺をAPとすると，高さはBCとなる。
また，AP=(BC+CA)−(BC+CP)で，
BC+CP=x(cm)だから，
AP=(3+4)−x=7−x(cm)
面積は，

$$\frac{1}{2} \times \mathrm{AP} \times \mathrm{BC}=\frac{1}{2} \times (7-x) \times 3$$
$$=-\frac{3}{2}x+\frac{21}{2}\,(\mathrm{cm}^2)$$

よって，$y=-\frac{3}{2}x+\frac{21}{2}\,(3 \leqq x \leqq 7)$

(3) 変域に注意してグラフをかくと，グラフは，(0，0)，(3，6)，(7，0)を結ぶ形になる。
$x=3$のとき，点Pは頂点C上にあるから，△ABPは△ABCと一致することになる。

ポイント

2 (2) 線分APの長さを，xを使った式で表せるかどうかが解法のポイントになる。
(全体の長さ)−(点Pが動いた長さ)
　　　　　　　　　↑x
という考え方をよく練習しておくとよい。

49 角と平行線①

p.54

解答

1 (1)　$\angle d$　(2)　$\angle b$

2 (1)　$\angle h$　(2)　$\angle f$

(3)　$\angle a$　(4)　$\angle c$

3 (1)　$\angle c$　(2)　$\angle d$

4 (1)　$a /\!/ c$　(2)　$b /\!/ e$

解き方

1 (1)　$\angle a$と向かい合っている角だから，$\angle d$

2 同位角は，$\angle a$と$\angle e$，$\angle b$と$\angle f$，$\angle c$と$\angle g$，$\angle d$と$\angle h$の4組ある。

錯角は，$\angle c$と$\angle e$，$\angle d$と$\angle f$の2組ある。

3 (1)　$\angle a$と$\angle c$は，平行線の同位角で等しい。

(2)　$\angle b$と$\angle d$は，平行線の錯角で等しい。

4 同位角が等しい2直線，または，錯角が等しい2直線をさがす。

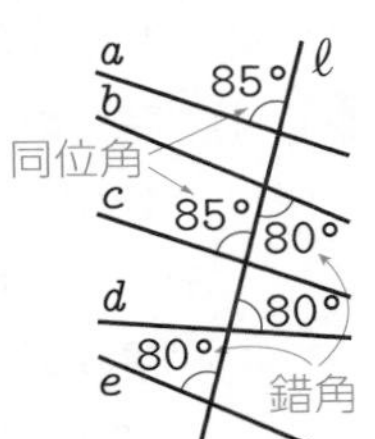

(1)　右の図で，同位角が等しいから，$a /\!/ c$

(2)　錯角が等しいから，

$b /\!/ e$

ポイント

1 2つの直線が交わってできる4つの角で，向かい合っている角を対頂角という。**対頂角は等しい。**

2 同位角や錯角は，2直線に1つの直線が交わってできる。2直線が平行であるかどうかは関係がない。

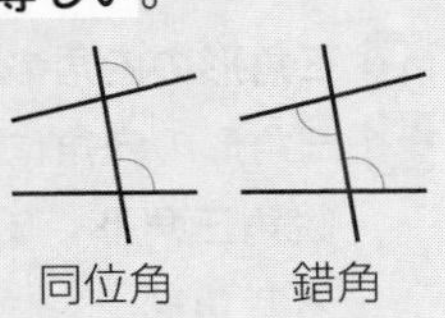

3 **平行線の性質**

・2直線が平行ならば，同位角は等しい。

・2直線が平行ならば，錯角は等しい。

4 **平行線になるための条件**

・同位角が等しければ，2直線は平行。

・錯角が等しければ，2直線は平行。

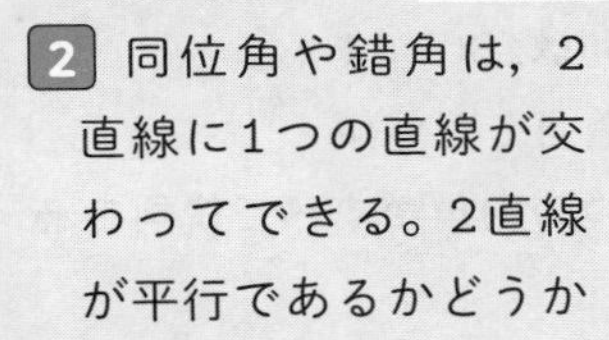

50 角と平行線②

p.55

解答

1 $\angle x=70°$　$\angle y=60°$

2 (1)　$\angle x=75°$　$\angle y=80°$

(2)　$\angle x=120°$　$\angle y=85°$

3 $\angle x=65°$　$\angle y=55°$

4 (1)　115°　(2)　65°

解き方

1 対頂角は等しいから，$\angle x=70°$

また，一直線の角は180°だから，

$\angle y=180°-(50°+70°)=60°$

2 (1)　平行線の錯角は等しいから，$\angle x=75°$

平行線の同位角は等しいから，$\angle y=80°$

(2)　右の図で，

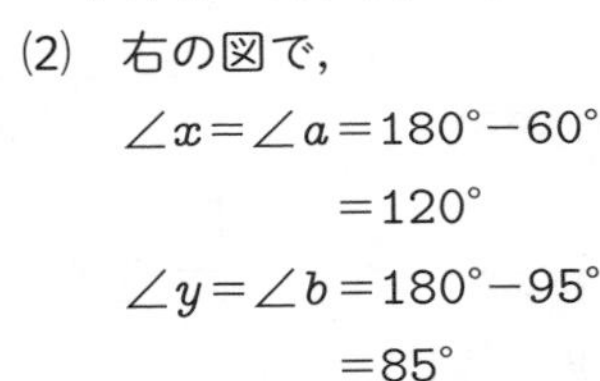

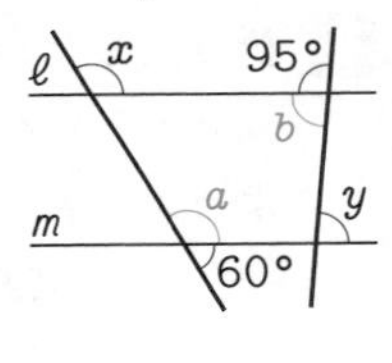

$\angle x=\angle a=180°-60°$

$=120°$

$\angle y=\angle b=180°-95°$

$=85°$

3 右の図で，平行線の同位角だから，$\angle a+60°=125°$

よって，$\angle a=65°$

$\angle x=\angle a=65°$

$\angle y=180°-125°=55°$

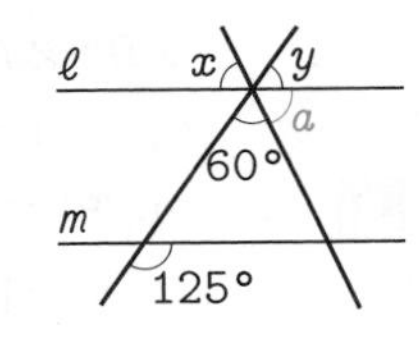

4 (1)　$\angle x$の頂点を通り，ℓ，mに平行な直線をひく。

平行線の錯角だから，

$\angle a=80°$，$\angle b=35°$

$\angle x=\angle a+\angle b=80°+35°=115°$

(2)　110°の角の頂点を通り，ℓ，mに平行な直線をひく。

平行線の錯角だから，

$\angle a=45°$

$\angle x=\angle b=110°-45°=65°$

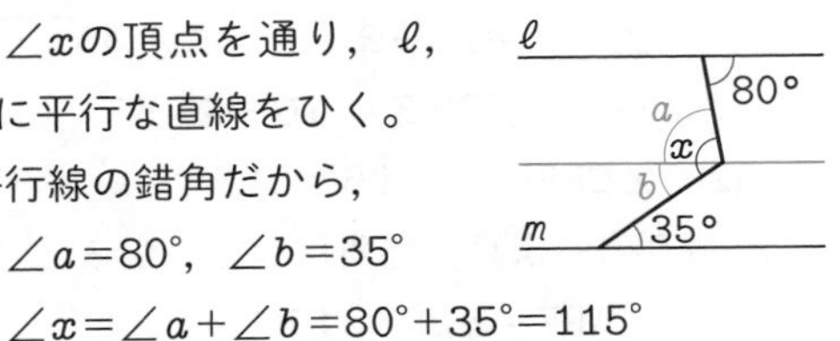

ポイント

4 角の頂点を通る補助線をひいて，平行線の同位角や錯角が等しいことを利用する。

51 折り返した図形の角度 p.56

解答

1 (1) 62° (2) 31°
2 50°
3 (1) 55° (2) 125°
4 152°

解き方

1 (1) AD//BCより，同位角は等しいから，
　∠C′BC＝∠C′ED＝62°
(2) 折り返した角だから，
　∠CBD＝∠C′BD
よって，∠x＝62°÷2＝31°

2 折り返した角だから，
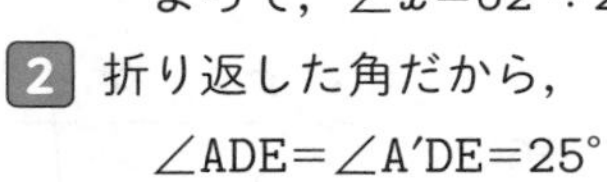
　∠ADE＝∠A′DE＝25°
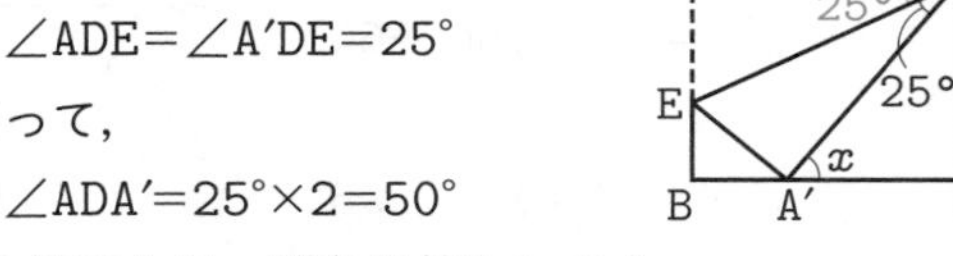

よって，
　∠ADA′＝25°×2＝50°
AD//BCより，錯角は等しいから，
　∠CA′D＝∠ADA′＝50°
よって，∠x＝50°

3 (1) ∠BFB′＝180°−70°
　＝110°
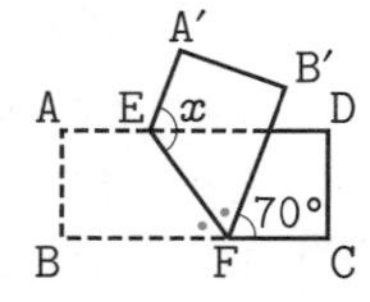

折り返した角だから，
　∠B′FE＝∠BFE
よって，∠B′FE＝110°÷2＝55°
(2) ∠CFE＝70°+55°＝125°
AD//BCより，錯角は等しいから，
　∠AEF＝∠CFE＝125°
折り返した角だから，∠A′EF＝∠AEF
よって，∠x＝125°

4 ∠D′ED＝180°−124°
　＝56°
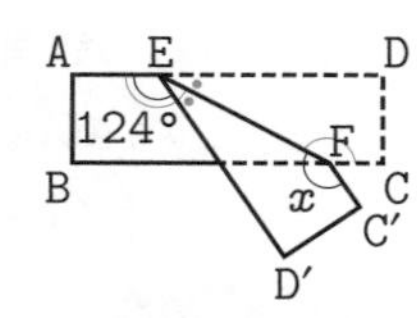

折り返した角だから，
　∠D′EF＝∠DEF
よって，∠D′EF＝56°÷2＝28°
　∠AEF＝124°+28°＝152°
AD//BCより，錯角は等しいから，
　∠CFE＝∠AEF
折り返した角だから，∠C′FE＝∠CFE
よって，∠x＝152°

ポイント

等しい角に印をつけながら考えるとよい。

52 三角形の内角 p.57

解答

1 (1) 40° (2) 93°
　(3) 59° (4) 31°
2 (1) **鋭角三角形** (2) **鈍角三角形**
　(3) **直角三角形**

解き方

1 (1) 180°−(60°+80°)＝40°
(2) 180°−(50°+37°)＝93°
(3) 180°−(67°+54°)＝59°
(4) 180°−(90°+59°)＝31°

2 (1) 残りの１つの内角の大きさは，
　180°−(25°+75°)＝80°
３つの内角がすべて鋭角だから，鋭角三角形。
(2) 残りの１つの内角の大きさは，
　180°−(40°+45°)＝95°
１つの内角が鈍角だから，鈍角三角形。
(2) 残りの１つの内角の大きさは，
　180°−(35°+55°)＝90°
１つの内角が直角だから，直角三角形。

ポイント

1 **三角形の内角の和は180°**である。
2 三角形の内角に着目した分類
・鋭角三角形　３つの内角がすべて鋭角である三角形
・直角三角形　１つの内角が直角である三角形
・鈍角三角形　１つの内角が鈍角である三角形

53 三角形の内角と外角 p.58

解答

1 (1) 110° (2) 76°
2 (1) 45° (2) 49°
3 (1) 95° (2) 64°

解き方

1 (1) $\angle x=60°+50°=110°$
(2) $\angle x=32°+44°=76°$

2 (1) $\angle x+75°=120°$
よって，$\angle x=120°-75°$
$=45°$
(2) $\angle x+38°=87°$
よって，$\angle x=87°-38°$
$=49°$

3 (1) ∠ACEを，△ABCの頂点Cにおける外角とみると，$\angle \mathrm{ACE}=46°+49°=95°$
(2) ∠ACEを，△CDEの頂点Cにおける外角とみる。(1)より$\angle \mathrm{ACE}=95°$だから，
$\angle x+31°=95°$
よって，$\angle x=95°-31°$
$=64°$

ポイント

多角形の1つの辺と，そのとなりの辺の延長とがつくる角を，その頂点における**外角**という。

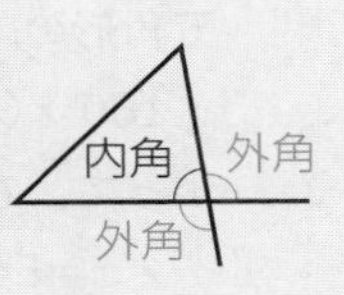

「**三角形の外角は，そのとなりにない2つの内角の和に等しい**」という性質は，三角形の角の大きさを求める問題で，とてもよく使われる。

54 平行線と三角形，二等分線 p.59

解答

1 (1) 25° (2) 43° (3) 104°
2 (1) 115° (2) 96°

解き方

1 (1) $\ell /\!/ m$より，同位角は等しいから，$\angle a=70°$
かげをつけた三角形で，内角と外角の性質より，

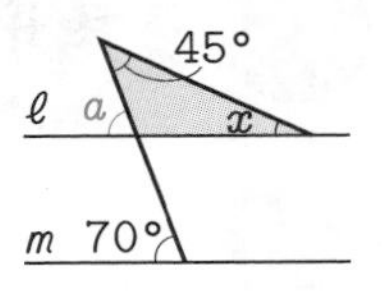

$45°+\angle x=\angle a$
$45°+\angle x=70°$
$\angle x=70°-45°=25°$

(2) $\ell /\!/ m$より，錯角は等しいから，$\angle a=62°$
かげをつけた三角形で，

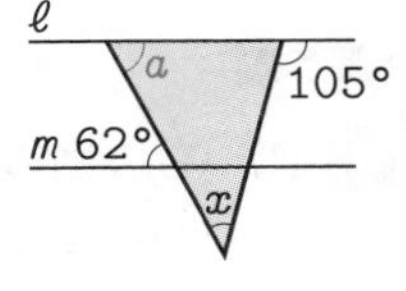

$\angle a+\angle x=105°$
$62°+\angle x=105°$
$\angle x=105°-62°=43°$

(3) $\ell /\!/ m$より，錯角は等しいから，$\angle a=57°$
また，$\angle b=180°-133°$
$=47°$

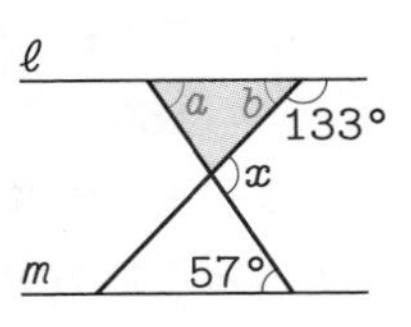

かげをつけた三角形で，
$\angle x=\angle a+\angle b=57°+47°=104°$

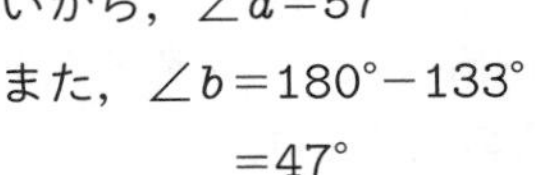

2 (1) △ABCの内角の和より，
50°+〇〇+●●=180°
〇〇+●●=130°
〇+●=65°

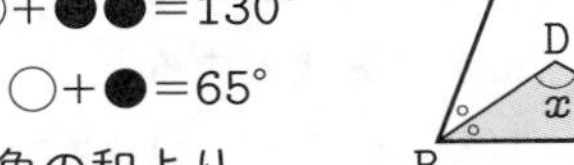

△DBCの内角の和より，
∠x+〇+●=180°
∠x=180°−(〇+●)
=180°−65°
=115°

(2) △DBCの内角の和より，
138°+〇+●=180°
〇+●=42°

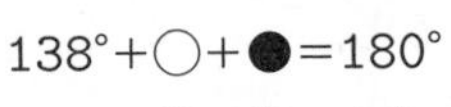

〇〇+●●=84°

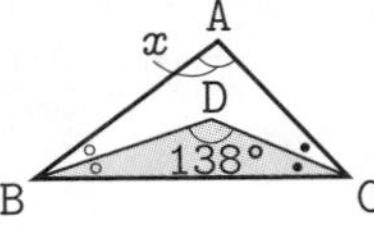

△ABCの内角の和より，
∠x+〇〇+●●=180°
∠x=180°−(〇〇+●●)
=180°−84°
=96°

ポイント

平行線がある。→**同位角**や**錯角**をさがす。

55 多角形の内角 p.60

解答

1 (1) 6つ (2) 1080° (3) 135°
2 (1) 720° (2) 1800° (3) 2700°
3 (1) **七角形** (2) **十三角形**

解き方

1 (1) 右の図のように，八角形の1つの頂点から対角線は5本ひけて，6つの三角形に分けられる。

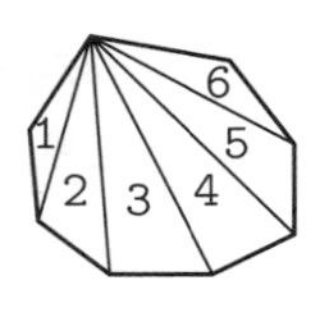

(2) 三角形6個分の内角の和に等しいから，
$180°\times6=1080°$

(3) 正八角形の内角の大きさはすべて等しいから，1つの内角の大きさは，
$1080°\div8=135°$

2 n角形の内角の和を求める公式にnの値を代入する。

(1) $n=6$を代入すると，
$180°\times(6-2)=720°$

(2) $n=12$を代入すると，
$180°\times(12-2)=1800°$

(3) $n=17$を代入すると，
$180°\times(17-2)=2700°$

3 求める多角形をn角形として，内角の和についての方程式をつくる。

(1) $180°\times(n-2)=900°$
両辺を180でわると，
$n-2=5$
$n=7$
よって，七角形。

(2) $180°\times(n-2)=1980°$
$n-2=11$
$n=13$
よって，十三角形。

ポイント

n角形の内角の和は，$180°\times(n-2)$

56 多角形の内角と外角 p.61

解答

1 (1) 100° (2) 110°
2 (1) 85° (2) 110°
3 (1) 40° (2) 156°
(3) **正十八角形**

解き方

1 (1) $\angle x+125°+135°=360°$
よって，$\angle x=360°-(125°+135°)=100°$

(2) $\angle x=360°-(120°+75°+55°)=110°$

2 (1) $\angle x$のとなりの外角の大きさは，
$360°-(70°+130°+65°)=95°$
よって，$\angle x=180°-95°=85°$

(2) 右の図で，
$\angle a=360°-(70°+90°+50°+80°)$
$=70°$
よって，
$\angle x=180°-70°$
$=110°$

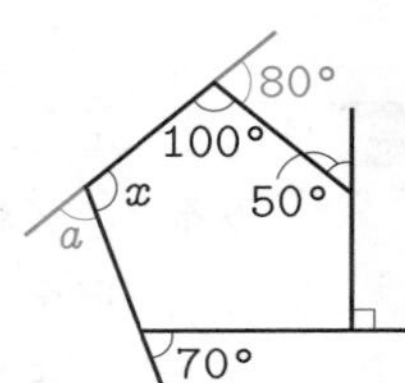

（別解） 内角の和に着目して解いてもよい。

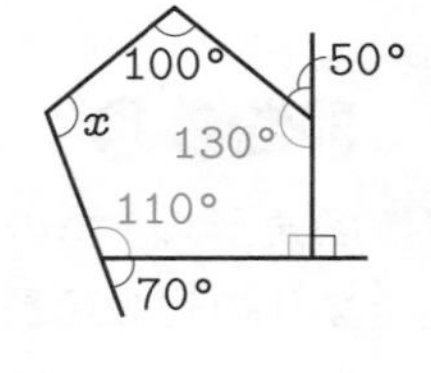

五角形の内角の和は，
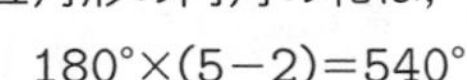
$180°\times(5-2)=540°$
よって，右の図より，
$\angle x=540°-(100°+110°+90°+130°)$
$=110°$

3 (1) 正九角形の外角の大きさはすべて等しいから，1つの外角の大きさは，
$360°\div9=40°$

(2) 正十五角形の1つの外角の大きさは，
$360°\div15=24°$
よって，1つの内角の大きさは，
$180°-24°=156°$

（別解） 内角の和から求める。
正十五角形の内角の和は，
$180°\times(15-2)=2340°$
よって，1つの内角の大きさは，
$2340°\div15=156°$

(3)　求める正多角形を正n角形とすると，外角の和は360°だから，

$20° \times n = 360°$

$n = 360° \div 20°$

$n = 18$

よって，正十八角形。

ポイント

多角形の外角の和は，何角形であっても360°

57 複雑な図形の角

p.62

解答

1	(1)　130°　(2)　50°　(3)　35°
2	(1)　g　(2)　f　(3)　180°

解き方

1 (1)　右の図で，色をつけた三角形に着目する。

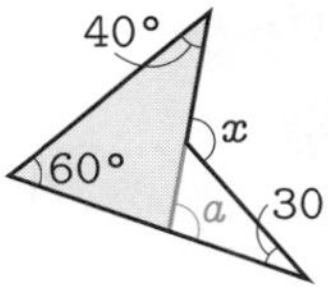

内角と外角の性質より，

$\angle a = 40° + 60° = 100°$

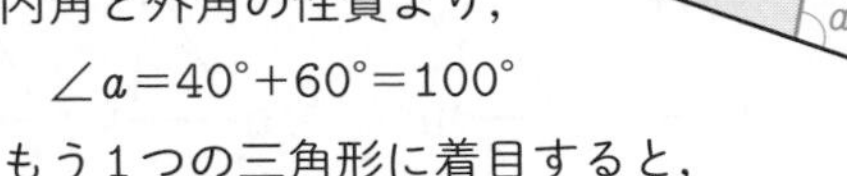

もう１つの三角形に着目すると，

$\angle x = \angle a + 30° = 100° + 30° = 130°$

（別解１）　右の図で，色をつけた三角形に着目する。

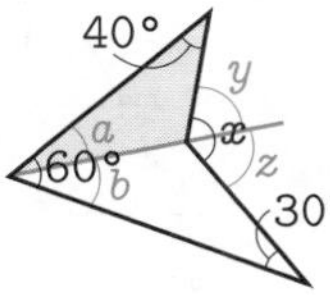

内角と外角の性質より，

$\angle y = 40° + \angle a$

もう１つの三角形に着目すると，

$\angle z = \angle b + 30°$

よって，

$\angle x = \angle y + \angle z$

$= 40° + \angle a + \angle b + 30°$

$= 40° + 60° + 30°$

$= 130°$

（別解２）　右の図で，大きい三角形の内角の和に着目すると，

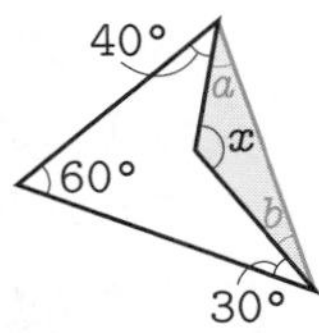

$40° + 60° + 30° + \angle a + \angle b$

$= 180°$

よって，

$\angle a + \angle b = 180° - (40° + 60° + 30°)$

$= 50°$

色をつけた三角形の内角の和に着目すると，

$\angle x + \angle a + \angle b = 180°$

よって，$\angle x = 180° - (\angle a + \angle b)$

$= 180° - 50°$

$= 130°$

(2)　右の図で，色をつけた三角形に着目する。

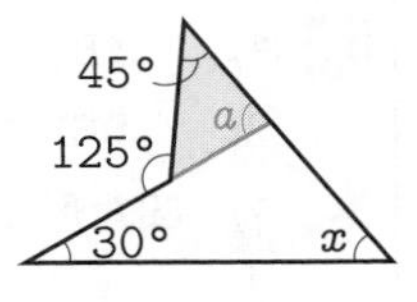

内角と外角の性質より，

$45° + \angle a = 125°$

よって，$\angle a = 125° - 45° = 80°$

もう１つの三角形に着目すると，

$30° + \angle x = \angle a$

よって，$\angle x = \angle a - 30°$

$= 80° - 30°$

$= 50°$

(3)　右の図で，色をつけた三角形に着目する。

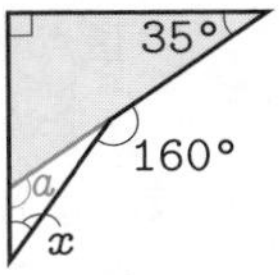

内角と外角の性質より，

$\angle a = 90° + 35° = 125°$

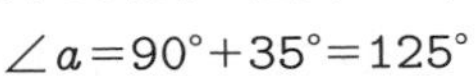

もう１つの三角形に着目すると，

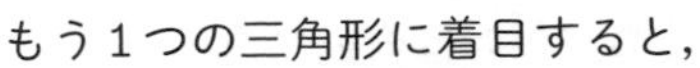

$\angle a + \angle x = 160°$

よって，$\angle x = 160° - \angle a$

$= 160° - 125°$

$= 35°$

2 (1)　かげをつけた三角形に着目すると，$\angle b + \angle d$は，外角$\angle g$のとなりにない２つの内角の和になっている。

(2)　かげをつけた三角形に着目すると，$\angle c + \angle e$は，外角$\angle f$のとなりにない２つの内角の和になっている。

(3)　(1)，(2)より，

$\angle a + \angle b + \angle c + \angle d + \angle e$

$= \angle a + (\angle b + \angle d) + (\angle c + \angle e)$

$= \angle a + \angle g + \angle f$

したがって，$\angle a$～$\angle e$の５つの角の和は，三角形の内角の和に等しいから，180°

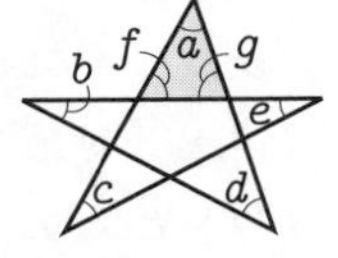

ポイント

複雑な図形の角を求める方法はいろいろある。補助線のひき方をいろいろ試してみるとよい。

58 合同な図形の性質

p.63

解答

1 (1)　△ABC≡△STU

(2)　△DEF≡△NOM

2 (1)　**四角形ABCD≡四角形EHGF**

(2)　8 cm　　(3)　130°

解き方

1 (1)　△ABCとぴったり重なる三角形は△STUで，対応する頂点は，AとS，BとT，CとUである。

記号≡を使って合同を表すときは，対応する頂点を同じ順に並べるから，

△ABC≡△STU

(2)　△MNOは，点Oを中心として時計回りに90°回転させると△DEFとぴったり重なるから，2つの三角形は合同である。

対応する頂点は，DとN，EとO，FとMだから，

△DEF≡△NOM

2 (1)　四角形EFGHは四角形ABCDを裏返した形になっている。対応する頂点は，AとE，BとH，CとG，DとFだから，

四角形ABCD≡四角形EHGF

(2)　辺FGと対応する辺は辺DCで，対応する辺の長さは等しいから，8cm

(3)　∠Bと対応する角は∠Hで，対応する角の大きさは等しいから，130°

ポイント

合同な図形とは，ぴったり重なる図形のことである。回転移動や対称移動のように，回したり裏返したりして重なるものも合同である。

また，重なる頂点を「対応する頂点」，重なる辺を「対応する辺」，重なる角を「対応する角」という。

合同な図形の性質

・対応する線分の長さはそれぞれ等しい。

・対応する角の大きさはそれぞれ等しい。

59 合同条件を使う

p.64

解答

1 (1)　**2組の辺とその間の角がそれぞれ等しい。**

(2)　**1組の辺とその両端の角がそれぞれ等しい。**

(3)　**3組の辺がそれぞれ等しい。**

2 **・合同な三角形…△ABC≡△MON**

合同条件…3組の辺がそれぞれ等しい。

・合同な三角形…△DEF≡△QRP

合同条件…1組の辺とその両端の角がそれぞれ等しい。

・合同な三角形…△GHI≡△LJK

合同条件…2組の辺とその間の角がそれぞれ等しい。

(3組の順番はちがっていてもよい。)

解き方

1 (1)

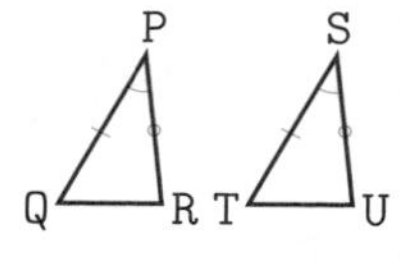

(2)

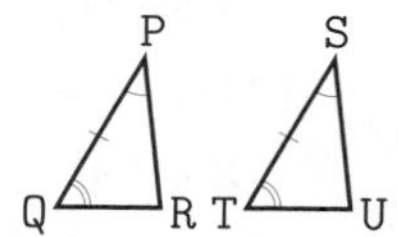

(3)

P　S

Q　R T　U

2 ・△ABCと△MONは，

AB＝MO＝4 cm，BC＝ON＝6 cm，

CA＝NM＝5 cmで，

3組の辺がそれぞれ等しい。

・△DEFと△QRPは，

DE＝QR＝5 cm，∠D＝∠Q＝41°，

∠E＝∠R＝100°で，

1組の辺とその両端の角がそれぞれ等しい。

・△GHIと△LJKは，

HI＝JK＝6 cm，IG＝KL＝4 cm，

∠I＝∠K＝80°で，

2組の辺とその間の角がそれぞれ等しい。

ポイント

等しい辺や角に印をつけて考えるとよい。

60 合同になるかを調べる p.65

解答

1 (1) 合同な三角形…△ABC≡△ABD
合同条件…３組の辺がそれぞれ等しい。
(2) 合同な三角形…△ACE≡△DBE
合同条件…１組の辺とその両端の角がそれぞれ等しい。

2 (1) × (2) ○ (3) × (4) ×

解き方

1 (1) △ABC と△ABD は,
AC＝AD …①
BC＝BD …②
AB＝AB(共通) …③
①, ②, ③より, ３組の辺がそれぞれ等しい。
(2) △ACE と△DBE は,
AE＝DE …①
∠A＝∠D …②
また, 対頂角は等しいから,
∠AEC＝∠DEB …③
①, ②, ③より, １組の辺とその両端の角がそれぞれ等しい。

2 (1) 底辺と高さが決まっても, 三角形は１通りには決まらない。

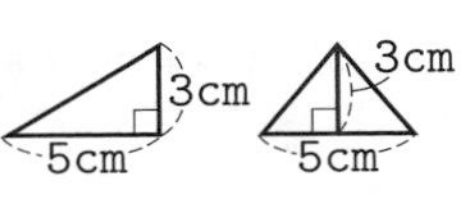

(2) ３組の辺がそれぞれ等しいから, 合同。
(3) 90°の角が５cmと４cmの辺の間にある場合とそうでない場合とがある。

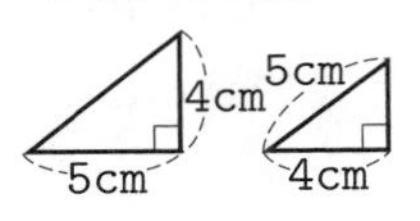

(4) 30°と50°の角が６cmの辺の両端の場合とそうでない場合とがある。

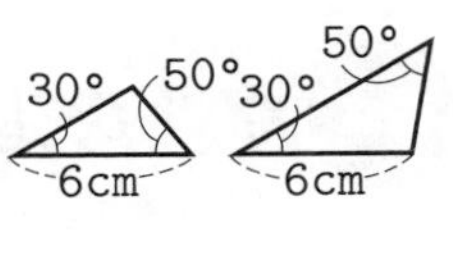

ポイント

1 ２つの三角形においては, 与えられた条件以外にも, 共通な辺や共通な角, 対頂角などは等しい辺や角として考える。

61 仮定と結論① p.66

解答

1 (1) 仮定…△ABC≡△DEF
結論…∠A＝∠D
(2) 仮定…$a=b$
結論…$a-c=b-c$
(3) 仮定…$\ell /\!/ m$, $m /\!/ n$
結論…$\ell /\!/ n$
(4) 仮定…xが８の倍数(である。)
結論…xは４の倍数(である。)

2 (1) 仮定…$a=b$, $b=c$
結論…$a=c$
(2) 仮定…(ある図形が)正三角形(である。)
結論…１つの内角の大きさは60°(である。)
(3) 仮定…(ある２数が)偶数と奇数(である。)
結論…和は奇数(である。)
(4) 仮定…(ある図形が,)１辺が$a$cmの正方形(である。)
結論…周の長さは$4a$cm(である。)

解き方

1 「○○○ならば□□□」の形で表されているときは, ○○○が仮定, □□□が結論である。

2 「ならば」がないときは,「ならば」を入れた文にいいかえるとよい。
(1) 「$a=b$, $b=c$ならば, $a=c$」
(2) 「ある図形が正三角形であるならば, １つの内角の大きさは60°である。」
(3) 「ある２数が偶数と奇数であるならば, 和は奇数である。」
(4) 「ある図形が, １辺が$a$cmの正方形であるならば, 周の長さは$4a$cmである。」

ポイント

「ならば」を入れた文にいいかえるときは, 内容が変わらないよう注意して, 自然な文になるようにことばをおぎなって考える。

62 仮定と結論②

p.67

解答

1 (1) **仮定…AE＝CE，DE＝BE**
　　結論…AD＝CB
(2) **△ADEと△CBE**

2 (1) **仮定…AB＝AC，BD＝CD**
　　結論…∠BAD＝∠CAD
(2) **△ABDと△ACD**

解き方

1 (1) 「ならば」を入れた文にすると，「AE＝CE，DE＝BEならば，AD＝CB」

(2) 結論がAD＝CBだから，ADとCBを1辺にもつ三角形をさがす。

（参考） △ADEと△CBEは，
仮定より，AE＝CE，
　　　　　DE＝BE
対頂角は等しいから，
　　∠AED＝∠CEB
2組の辺とその間の角がそれぞれ等しいから，
　　△ADE≡△CBE

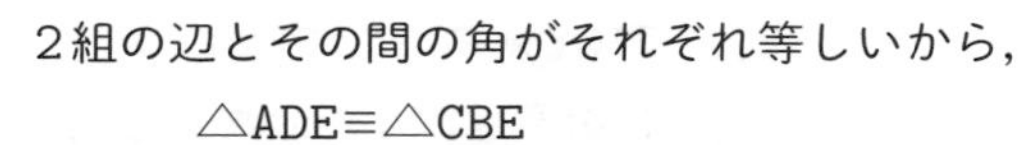

合同な図形の対応する辺の長さは等しいから，
　　AD＝CB

2 (1) 「ならば」を入れた文にすると，「AB＝AC，BD＝CDならば，∠BAD＝∠CAD」

(2) 結論が∠BAD＝∠CADだから，∠BADと∠CADを1つの角にもつ三角形をさがす。

（参考） △ABDと△ACDは，
仮定より，AB＝AC，
　　　　　BD＝CD
共通だから，
　　AD＝AD
3組の辺がそれぞれ等しいから，
　　△ABD≡△ACD
合同な図形の対応する角の大きさは等しいから，　∠BAD＝∠CAD

ポイント

仮定と結論を区別することは，このあとの証明の学習でも必要になる。よく練習しよう。

63 証明の仕組み

p.68

解答

1 (1) **1組の辺とその両端の角がそれぞれ等しい。**
(2) **ア**

2 (1) **BC＝CB**
(2) **3組の辺がそれぞれ等しい。**
(3) **対応する角の大きさは等しい。**

解き方

1 (1) AO＝BOで1組の辺が等しいこと，∠OAC＝∠OBDと∠AOC＝∠BODで両端の角がそれぞれ等しいことを表している。

(2) 結論がAC＝BDであることから考える。

2 (1) 右の図のように，△ABCと△DCBは○印をつけた辺を共有している。それぞれの三角形で対応する頂点の順に書くから，BC＝CBとなる。

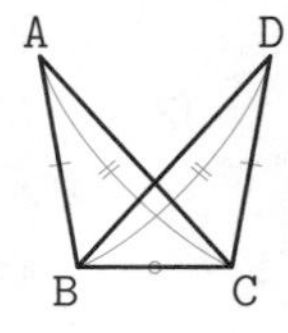

(2) 示されることがらは，AB＝DC，AC＝DB，BC＝CBだから，3組の辺がそれぞれ等しいことを表している。

(3) 結論が∠BAC＝∠CDBであることから考える。

ポイント

証明のすじ道で，根拠となることがらが，仮定や結論とどのような関係にあるのか理解する。

64 証明の進め方①

p.69

解答

1 **ア　CD　イ　BD**
ウ　3組の辺
エ　∠ADB＝∠CDB

2 **ア　AE　イ　∠DAE**
ウ　2組の辺とその間の角
エ　BC＝DE

解き方

1 ア　①と②は仮定を式で表している。

イ　③は共通な辺を示すから，BD＝BD

ウ　①，②，③は，いずれも辺の長さが等しいことを表している。

エ　ここには結論が入る。

2 ア　①と②は仮定を式で表している。

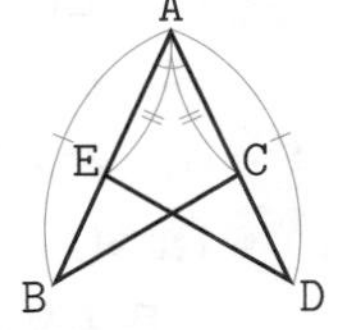

イ　③は共通な角を示すから，∠BAC＝∠DAE

ウ　①，②は2組の辺がそれぞれ等しいこと，③はその間の角が等しいことを表している。

エ　ここには結論が入る。

ポイント

線分の長さや角の大きさが等しいことの証明では，三角形の合同を根拠として使うことが多い。

65 証明の進め方②

p.70

解答

1〔証明〕 △ADCと△EDCで，

仮定より，∠ACD＝∠ECD　…①

∠CDA＝∠CDE　…②

共通だから，　DC＝DC　…③

①，②，③より，1組の辺とその両端の角がそれぞれ等しいから，

△ADC≡△EDC

合同な図形の対応する辺の長さは等しいから，　AC＝EC

2〔証明〕 △ABDと△ECDで，

仮定より，　BD＝CD　…①

DA＝DE　…②

対頂角は等しいから，

∠ADB＝∠EDC　…③

①，②，③より，2組の辺とその間の角がそれぞれ等しいから，

△ABD≡△ECD

合同な図形の対応する角の大きさは等しいから，　∠BAD＝∠CED

解き方

1 ACとECを1辺にもつ三角形として，△ADCと△EDCに着目し，2つの三角形が合同であることを示す。

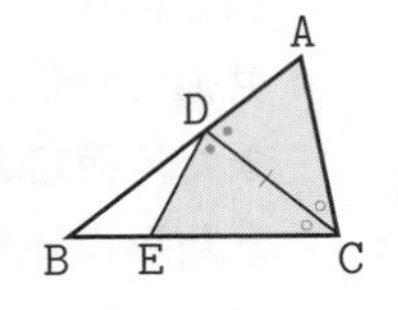

2 導く結論が∠BAD＝∠CEDだから，∠BADと∠CEDを1つの角にもつ三角形として，△ABDと△ECDに着目する。

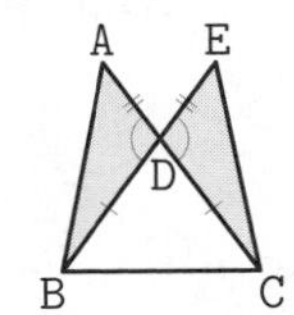

この2つの三角形が合同であることを示し，それを根拠として，∠BAD＝∠CEDを導く。

ポイント

三角形の合同を利用した証明の進め方

① 仮定と結論をはっきりさせる。

② 結論を導くために，どの三角形とどの三角形の合同をいえばよいかを考える。

③ 仮定や，仮定から導かれることがらを，図に印をつけながら整理する。

④ あてはまる合同条件を考え，合同であることを示す。

⑤ 合同な図形の性質を根拠として，結論を導く。

66 証明の根拠

p.71

解答

1 ①　エ　②　エ　③　ウ

2 番号　③

正しい式　∠AEC＝∠DEB

解き方

1 ①は仮定として与えられたものだから，エ

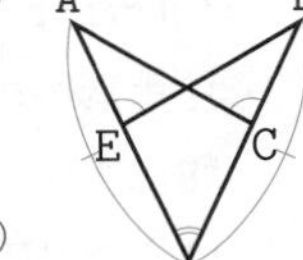

②は共通な角だから，エ

③は仮定の∠ACD＝∠DEAと②の∠ABC＝∠DBEを使い，三角形の内角と外角の性質より導かれるものだから，ウ

これらをもとにして証明を書くと次のようになる。

〔証明〕 △ABCと△DBEで，

仮定より，　AB=DB　…①

共通だから，　∠ABC=∠DBE　…②

また，仮定より，∠ACD=∠DEA　…③

三角形の外角は，そのとなりにない2つの内角の和に等しいから，

∠BAC=∠ACD−∠ABC　…④

∠BDE=∠DEA−∠DBE　…⑤

②，③，④，⑤より，

∠BAC=∠BDE　…⑥

①，②，⑥より，1組の辺とその両端の角がそれぞれ等しいから，

△ABC≡△DBE

合同な図形の対応する辺の長さは等しいから，

AC=DE

2 ③のAC=DBは結論だから，これを証明の根拠として用いることはできない。

正しい証明は次のようになる。

〔証明〕 △ACEと△DBEで，

仮定より，CE=BE　…①

∠ACE=∠DBE　…②

対頂角は等しいから，

∠AEC=∠DEB　…③

①，②，③より，1組の辺とその両端の角がそれぞれ等しいから，

△ACE≡△DBE

合同な図形の対応する辺の長さは等しいから，

AC=DB

ポイント

次のものは，証明の根拠としてよく使われる。

- 対頂角の性質　**対頂角は等しい。**
- 平行線の性質　**平行線の同位角，錯角は等しい。**
- 平行線になるための条件　**同位角，錯角が等しければ，2直線は平行である。**
- 三角形の内角と外角の性質　**三角形の内角の和は180°である。外角は，そのとなりにない2つの内角の和に等しい。**
- 三角形の合同条件
- 合同な図形の性質　**合同な図形の対応する線分の長さ，角の大きさは等しい。**

67 二等辺三角形の性質①

p.72

解答

1 (1) ∠C　(2) AB

(3) ∠A，∠B

2 (1) 2つの辺　(2) 底角

3 〔証明〕 △ABDと△ACEで，

仮定より，　AB=AC　…①

BD=CE　…②

二等辺三角形の底角は等しいから，

∠ABD=∠ACE　…③

①，②，③より，2組の辺とその間の角がそれぞれ等しいから，

△ABD≡△ACE

解き方

1 二等辺三角形では，まずどの辺とどの辺が等しいのかに着目する。

(1) ∠Aが頂角ではないことに注意する。頂角は等しい2辺AC，BCの間の角だから，∠Cである。

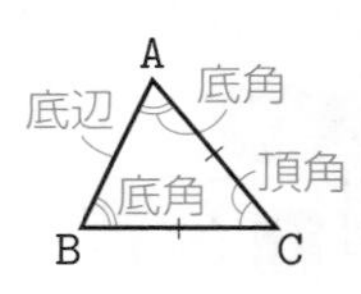

(2) 底辺は頂角の∠Cに対する辺だから，AB

(3) 底角は底辺の両端の角だから，∠Aと∠B

2 定義と定理の意味を，しっかり理解すること。

(1) 定義とは，使うことばの意味をはっきり述べたものである。

(2) 定理とは，証明されたことがらのうち，基本になるものである。

3 図の等しい辺や角に印をつけるとよい。AB=AC，BD=CEで2組の辺，∠ABD=∠ACEでその間の角が等しいことを示している。

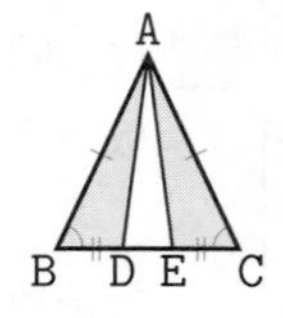

ポイント

3 ここでは，例題で証明した「二等辺三角形の底角は等しい」という性質を，証明の根拠として使っている。このように，基本になる定理は証明の根拠として使うことができる。

68 二等辺三角形の角度 p.73

解答

1 (1) 65° (2) 50°
(3) 74° (4) 61°

2 (1) 100° (2) 30°
(3) 46° (4) 82°

解き方

1 (1) △ABCはAB=ACの二等辺三角形だから，
∠B=∠C　よって，$\angle x=65°$

(2) AB=ACだから，∠B=∠C
三角形の内角の和は180°だから，
$\angle x=(180°-80°)\div 2$
$=50°$

(3) CA=CBだから，∠A=∠B
$\angle x=(180°-32°)\div 2$
$=74°$

(4) BA=BCだから，∠A=∠C
$\angle x=(180°-58°)\div 2$
$=61°$

2 (1) AB=ACだから，∠B=∠C
$\angle x=180°-40°\times 2$
$=100°$

(2) $\angle x=180°-75°\times 2$
$=30°$

(3) $\angle x=180°-67°\times 2$
$=46°$

(4) ∠ACB=180°−131°=49°
$\angle x=180°-49°\times 2$
$=82°$

（別解）三角形の内角と外角の性質より，
∠BAC+∠ABC=131°
よって，$\angle x+49°=131°$
$\angle x=131°-49°$
$=82°$

ポイント

1は底角を，2は頂角を求める問題である。
よく出題されるのでしっかり練習すること。

69 二等辺三角形の性質② p.74

解答

1 (1) 90° (2) 3 cm

2 (1) 45° (2) 90°

3 〔証明〕 △ABDと△ACDで，
仮定より，　AB=AC　…①
BD=CD　…②
共通だから，AD=AD　…③
①，②，③より，3組の辺
がそれぞれ等しいから，
△ABD≡△ACD
合同な図形の対応する角は等しいから，
∠BAD=∠CAD
よって，線分ADは∠Aの二等分線になる。

解き方

1 (1) △ABCはAB=ACの二等辺三角形で，線分ADは頂角の二等分線だから，底辺BCを垂直に2等分する。よって，∠ADB=90°

(2) BD=CD=6÷2=3(cm)

2 (1) △ABCはAB=ACの二等辺三角形で，線分ADは頂角の二等分線だから，∠ADB=90°
また，△ABDはDA=DBの二等辺三角形で，
∠ADBは頂角だから，
∠DAB=∠DBA=(180°−90°)÷2=45°
よって，∠ABD=45°

(2) ∠BAD=∠CAD=45°だから，
∠BAC=45°+45°=90°

3 二等辺三角形の頂角の頂点と底辺の中点を結ぶ線分は，頂角を二等分することの証明である。

ポイント

二等辺三角形の性質のまとめ

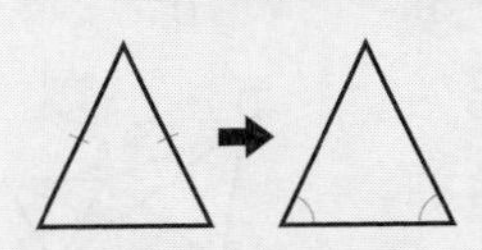

・底角は等しい。

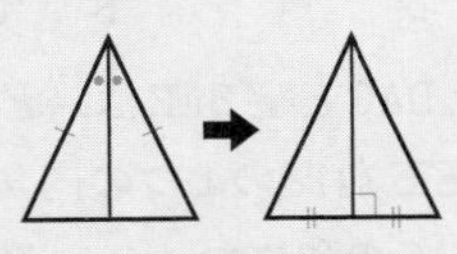

・頂角の二等分線は，底辺を垂直に2等分する。

70 正三角形 p.75

解答

1 〔証明〕 △ABD と △BCE で,
仮定より, ∠BAD＝∠CBE …①
△ABC は正三角形だから,
AB＝BC …②
∠ABD＝∠BCE …③
①, ②, ③より, 1組の辺とその両端の角がそれぞれ等しいから,
△ABD≡△BCE

2 〔証明〕 △ADC と △ABE で,
△ADB は正三角形だから,
AD＝AB …①
△ACE は正三角形だから,
AC＝AE …②
正三角形の１つの内角は60°だから,
∠DAB＝∠CAE
また, ∠DAC＝∠DAB＋∠BAC
∠BAE＝∠CAE＋∠BAC
よって, ∠DAC＝∠BAE …③
①, ②, ③より, 2組の辺とその間の角がそれぞれ等しいから,
△ADC≡△ABE
合同な図形の対応する辺は等しいから,
DC＝BE

解き方

1 △ABD と △BCE は重なっているので, 次の図のように取り出して考えてもよい。

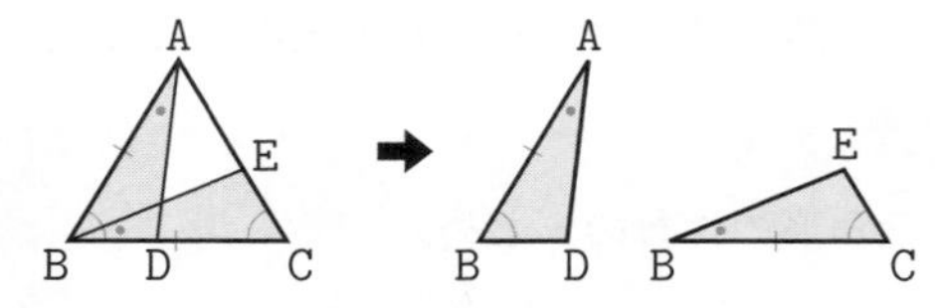

2 ∠DAC と ∠BAE は, どちらも正三角形の１つの内角と, ∠BAC の和になっている。

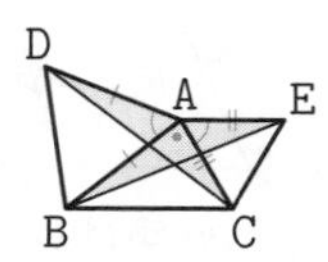

ポイント
正三角形の性質
正三角形の３つの角は等しい。

71 二等辺三角形になるための条件 p.76

解答

1 (1) × (2) ○ (3) ○

2 △ABC, △ABD, △ADC

3 〔証明〕 △ABD で,
仮定より, ∠BAD＝$\frac{1}{2}$∠BAC …①
∠ABD＝$\frac{1}{2}$∠ABC …②
二等辺三角形の底角は等しいから,
∠BAC＝∠ABC …③
①, ②, ③より,
∠BAD＝∠ABD
2つの角が等しいから,
△ABD は二等辺三角形である。

解き方

1 残りの１つの角の大きさを計算で求め, 三角形の２つの角が等しくなるかどうかを調べる。

(1) 180°−(70°＋52°)＝58°
どの角の大きさも等しくないので, 二等辺三角形ではない。

(2) 180°−(46°＋67°)＝67°
2つの角が67°で等しいから, これを底角とする二等辺三角形である。

(3) 180°−(130°＋25°)＝25°
2つの角が25°で等しいから, これを底角とする二等辺三角形である。

2 △ADC で, ∠ADC＝180°−(72°＋36°)＝72°
△ABD で, ∠ABD＝∠ADC−∠BAD
＝72°−36°
＝36°
よって, △ABC で ∠B＝∠C＝36°, △ABD で ∠A＝∠B＝36°, △ADC で ∠A＝∠D＝72°

3 △ABD の２つの角が等しいことを示す。

ポイント
二等辺三角形になるための条件
2つの角が等しい三角形は**二等辺三角形**である。

72 逆と反例

p.77

解答

1 (1) △ABCと△DEFで，BC＝EFならば，△ABC≡△DEF

(2) ウ

2 (1) 逆…2つの円で，面積が等しいならば，半径は等しい。〔○〕

(2) 逆…$ab>0$ならば，$a<0$，$b<0$である。〔×〕

反例…$a=1$，$b=2$

(3) 逆…△ABCで，∠C＝90°ならば，∠A＝∠B＝45°である。〔×〕

反例…∠A＝30°，∠B＝60°の△ABC

解き方

1 (1) 「△ABCと△DEFで，

△ABC≡△DEF（仮定）ならば，BC＝EF（結論）」

この仮定と結論を入れかえる。

(2) 逆の仮定「BC＝EF」にはあてはまるが，結論の「△ABC≡△DEF」が成り立たないものをさがす。

2 (1) 面積の等しい円は半径も等しいから，逆は正しい。

(2) $ab>0$は，$a<0$，$b<0$の場合だけでなく，$a>0$，$b>0$の場合でも成り立つので，逆は正しくない。

反例としては，$a=1$，$b=2$のようにa，bとも正の数である数の組をあげればよい。

(3) ∠Aと∠Bの和が90°であれば∠C＝90°になるので，∠A＝∠B＝45°とはかぎらない。よって，逆は正しくない。

反例としては，∠A＝30°，∠B＝60°のように，∠Aと∠Bの和が90°になる三角形をあげればよい。

ポイント

あることがらが正しくないことを示すには，反例を1つあげればよい。

73 直角三角形①

p.78

解答

1 (1) 直角三角形の斜辺と他の1辺がそれぞれ等しい。

(2) 直角三角形の斜辺と1つの鋭角がそれぞれ等しい。

2 ・合同な三角形…△ABC≡△PQR

合同条件…直角三角形の斜辺と他の1辺がそれぞれ等しい。

・合同な三角形…△DEF≡△NMO

合同条件…直角三角形の斜辺と1つの鋭角がそれぞれ等しい。

・合同な三角形…△GHI≡△JLK

合同条件…2組の辺とその間の角がそれぞれ等しい。

（3組の順番はちがっていてもよい。）

解き方

1 (1) 5cmの辺が斜辺で，2cmの辺が他の1辺。

(2) 8cmの辺が斜辺で，55°の角が1つの鋭角。

2 ・△ABCと△PQRは，

∠C＝∠R＝90°，AB＝PQ＝9cm，

BC＝QR＝6cmで，

直角三角形の斜辺と他の1辺がそれぞれ等しい。

・△DEFと△NMOは，

∠D＝∠N＝90°，EF＝MO＝9cm，

∠E＝∠M＝40°で，

直角三角形の斜辺と1つの鋭角がそれぞれ等しい。

・△GHIと△JLKは，

∠I＝∠K＝90°，HI＝LK＝9cm，

GI＝JK＝6cmで，2組の辺とその間の角がそれぞれ等しい。

直角三角形でも，直角三角形の合同条件を使わない場合があるので注意すること。

ポイント

直角三角形の斜辺が等しいことがわかるときは，直角三角形の合同条件を考え，そうでないときは，通常の三角形の合同条件を考えるとよい。

74 直角三角形② p.79

解答

1 〔証明〕 △ABE と △ADE で,

仮定より, ∠ABE＝∠ADE＝90°　…①

AB＝ AD 　…②

共通だから, AE＝AE　…③

①, ②, ③より,

直角三角形の斜辺と他の1辺

がそれぞれ等しいから,

△ABE≡△ADE

合同な図形の対応する角は等しいから,

∠BAE＝ ∠DAE

2 〔証明〕 △AED と △CFD で,

仮定より, ∠AED＝∠CFD＝90°　…①

AD＝CD　…②

対頂角は等しいから,

∠ADE＝∠CDF　…③

①, ②, ③より, 直角三角形の斜辺と1つの鋭角がそれぞれ等しいから,

△AED≡△CFD

合同な図形の対応する辺は等しいから,

AE＝CF

解き方

1 ①で2つの三角形が直角三角形であることを示し, ③で斜辺が等しいこと, ②で他の1辺が等しいことを表している。

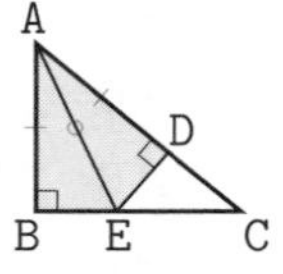

2 AE と CF を辺にもつ△AED と△CFD に着目する。仮定から, 2つの三角形は直角の角をもち, 斜辺が等しいことがわかるので, 「1つの鋭角」か「他の1辺」が等しいことがわかれば, 直角三角形の合同条件を使える。

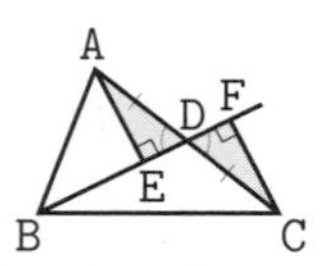

ポイント

証明で直角三角形の合同条件を利用するときは, 2つの三角形が直角三角形であることを「∠●＝∠●＝90°」のような形で示しておく。

75 平行四辺形の性質① p.80

解答

1 (1) $x=8$, $y=5$　(2) $x=80$, $y=100$

(3) $x=11$, $y=7$

2 $a=65$, $b=115$, $x=5$, $y=6$

3 (1) 110°　(2) 55°　(3) 4 cm

解き方

1 (1) 平行四辺形の対辺は等しいから,

BC＝AD　よって, $x=8$

DC＝AB　よって, $y=5$

(2) 平行四辺形の対角は等しいから,

∠B＝∠D　よって, $x=80$

∠C＝∠A　よって, $y=100$

(3) 平行四辺形の対角線はそれぞれの中点で交わるから,

OA＝OC　よって, $x=11$

OB＝OD　よって, $y=14\div2=7$

2 次の四角形は, どれも2組の対辺がそれぞれ平行だから平行四辺形である。

四角形 AEIG, 四角形 EBHI, 四角形 GIFD,

四角形 IHCF, 四角形 ABHG, 四角形 GHCD,

四角形 AEFD, 四角形 EBCF

▱AEIG で, ∠G＝∠E より, $a=65$

▱GIFD で, ∠F＝∠G より,

$b=180-65=115$

▱EBHI で, IH＝EB より, $x=12-7=5$

▱IHCF で, IF＝HC より, $y=15-9=6$

3 (1) 平行四辺形の対角は等しいから,

∠C＝∠A＝70°　四角形の内角の和は 360° だから, ∠ABC＝∠D＝x° とすると,

$70+x+70+x=360$　$x+70=180$

よって, $x=110$

(2) ∠ABE＝∠CBE

＝110°÷2

＝55°

また, AD//BC で,

平行線の錯角は等しいから,

∠AEB＝∠CBE＝55°

(3) (2)より，△ABEは∠ABE＝∠AEBで，2つの角が等しいから，二等辺三角形である。
よって，AE＝AB＝6cmだから，
ED＝AD－AE＝10－6＝4(cm)

ポイント

3 (1) 平行四辺形のとなり合う2つの角の和は，つねに180°になることを覚えておくとよい。∠ABC＝180°－70°＝110°

76 平行四辺形の性質②

p.81

解答

1 〔証明〕 △ABOと△CDOで，
平行四辺形の対辺は等しいから，
AB＝CD …①
平行線の錯角は等しいから，
AB//DCより，∠ABO＝∠CDO …②
∠BAO＝∠DCO …③
①，②，③より，1組の辺とその両端の角がそれぞれ等しいから，
△ABO≡△CDO
合同な図形の対応する辺は等しいから，
OA＝OC，OB＝OD
したがって，平行四辺形の対角線はそれぞれの中点で交わる。

2 〔証明〕 △AEDと△CFBで，
仮定より， AE＝CF …①
平行四辺形の対辺は等しいから，
AD＝[CB] …②
[平行四辺形の対角は等しい]から，
∠DAE＝[∠BCF] …③
①，②，③より，[2組の辺とその間の角]がそれぞれ等しいから，
△AED≡△CFB

解き方

1 この証明では△ABOと△CDOに着目しているが，同じように，△AODと△COBに着目して証明することもできる。

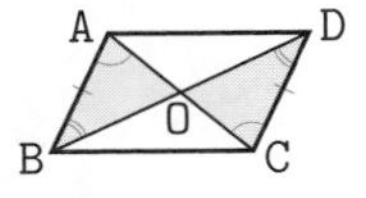

2 平行四辺形の性質（対辺は等しい，対角は等しい）を利用して，三角形の合同を証明する問題である。

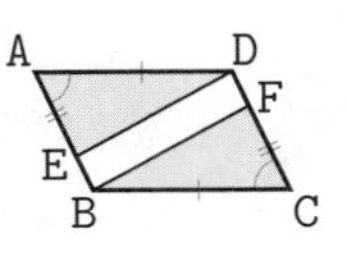

この問題のように，今後は平行四辺形の性質も，証明の根拠として使うことができる。

ポイント

平行四辺形の性質
- 2組の対辺はそれぞれ平行である。（定義）
- 2組の対辺はそれぞれ等しい。
- 2組の対角はそれぞれ等しい。
- 対角線はそれぞれの中点で交わる。

77 平行四辺形になるための条件

p.82

解答

1 (1) × (2) ○ (3) ○ (4) ○
2 (1) ○ (2) × (3) × (4) ×

解き方

1 (1) 右の図のようになる。
2組の対辺が等しくないから，四角形ABCDは平行四辺形ではない。

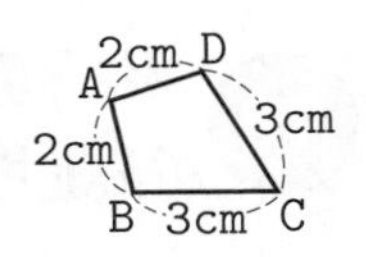

(2) 右の図のようになる。
2組の対角がそれぞれ等しいから，四角形ABCDは平行四辺形である。

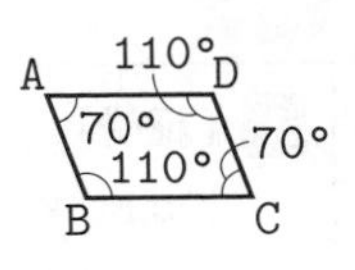

(3) 右の図のようになる。
対角線がそれぞれの中点で交わるから，四角形ABCDは平行四辺形である。

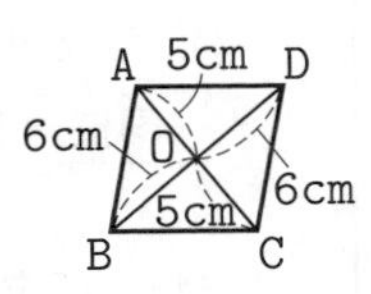

(4) 右の図のようになる。
AD//BCで，AD＝BCだから，四角形ABCDは平行四辺形である。

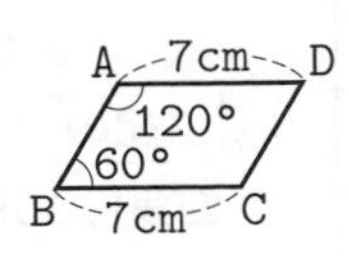

2 (1) 右の図のようになる。
2組の対辺が平行だから，四角形ABCDは平行四辺形である。

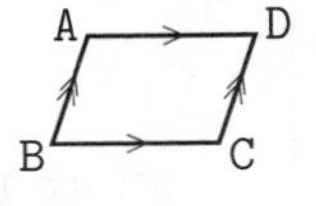

(2) 右の図のような場合がある。対角線がそれぞれの中点で交わっていないから，四角形ABCDは平行四辺形ではない。

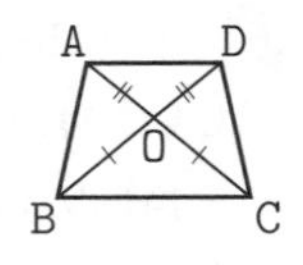

(3) 右の図のような場合がある。2組の対角が等しくないから，四角形ABCDは平行四辺形ではない。

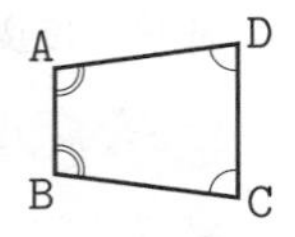

(4) 右の図のような場合がある。1組の対辺が平行であっても等しくないから，四角形ABCDは平行四辺形ではない。

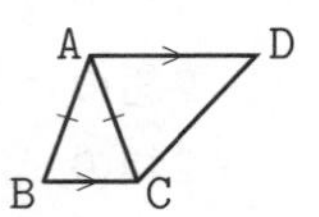

ポイント

平行四辺形になるための条件

- 2組の対辺がそれぞれ平行である。（定義）
- 2組の対辺がそれぞれ等しい。
- 2組の対角がそれぞれ等しい。
- 対角線がそれぞれの中点で交わる。
- 1組の対辺が平行でその長さが等しい。

78 平行四辺形になることの証明

p.83

解答

1 〔証明〕 二等辺三角形の底角は等しいから，

△ABCで，∠DBE＝∠ACB …①

△DBEで，∠DBE＝ ∠DEB …②

①，②より，∠ACB＝∠DEB

同位角が等しい から，

AF//DE …③

また，仮定より，AD// FE …④

③，④より，

2組の対辺がそれぞれ平行である から，

四角形ADEFは平行四辺形である。

2 〔証明〕 仮定より，$AE=\frac{1}{2}AD$ …①

$FC=\frac{1}{2}BC$ …②

平行四辺形の対辺は等しいから，

AD＝BC …③

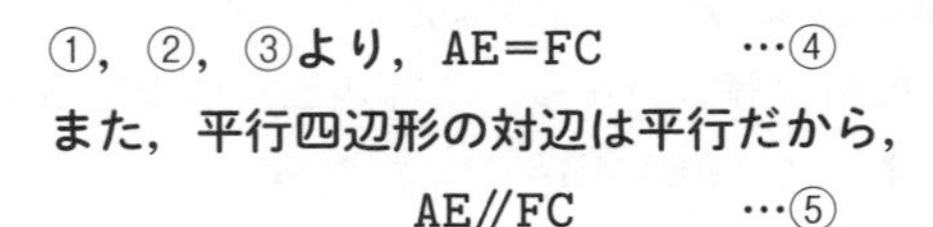

①，②，③より，AE＝FC …④

また，平行四辺形の対辺は平行だから，

AE//FC …⑤

④，⑤より，1組の対辺が平行でその長さが等しいから，四角形AFCEは平行四辺形である。

解き方

1 二等辺三角形の性質や，平行線と角の関係を使って，四角形ADEFが平行四辺形になることを導く。

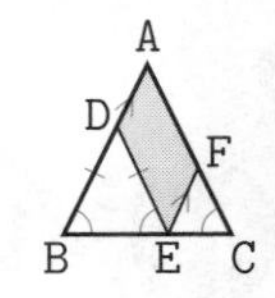

2 平行四辺形の性質を使って，四角形AFCEが平行四辺形になることを導く。

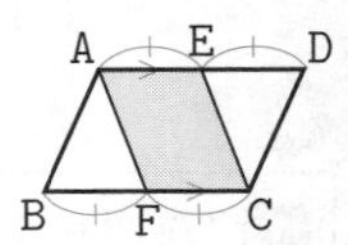

ポイント

2 のように，図に平行四辺形がある問題では，平行四辺形の性質と平行四辺形になるための条件の両方を証明の根拠として使う場合が多い。それぞれの意味の違いをしっかり理解すること。

79 特別な平行四辺形①

p.84

解答

1 (1) ア，イ，ウ (2) イ，ウ

(3) ア，ウ (4) ア，ウ

2 (1) 長方形 (2) ひし形

(3) 正方形 (4) 正方形

解き方

1 (1) 長方形やひし形の定義は，それぞれ平行四辺形になるための条件をふくんでいる。

長方形…4つの角がすべて等しい。

→2組の対角がそれぞれ等しい。

→平行四辺形である。

ひし形…4つの辺がすべて等しい。

→2組の対辺がそれぞれ等しい。

→平行四辺形である。

したがって，長方形やひし形は，平行四辺形の特別な場合といえる。

また，正方形は，長方形とひし形の両方の性質をもっているから，正方形も平行四辺形の特別な場合といえる。

(2)　4つの辺がすべて等しいのはひし形である。また，正方形は特別なひし形といえるから，正方形にもあてはまる。

(3)　4つの角がすべて等しいのは長方形である。また，正方形は特別な長方形といえるから，正方形にもあてはまる。

(4)　対角線が等しいのは長方形である。また，正方形は特別な長方形といえるから，正方形にもあてはまる。

2 (1)　AD//BCより，∠B＝90°のとき∠A＝90°
よって，すべての角が90°で等しくなるから，長方形になる。

(2)　対角線の交点をOとすると，AC⊥BDのとき，△OAB，△OAD，△OCB，△OCDは合同になる。

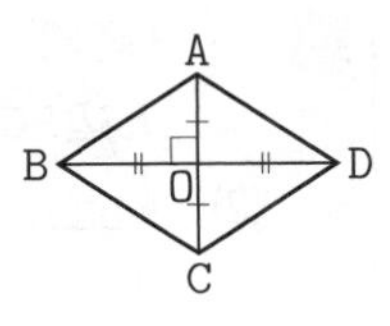

よって，AB＝AD＝CB＝CDでひし形になる。

(3)　∠A＝∠Bのとき，∠A＝∠B＝∠C＝∠Dで長方形になる。また，AB＝ADのとき，AB＝BC＝CD＝DAでひし形になる。
したがって，長方形でありひし形でもある四角形だから，正方形。

(4)　AC⊥BDのとき，(2)よりひし形になる。
また，AC＝BDのとき，△ABCと△DCBは3辺が等しくなるから合同になる。よって，∠B＝∠Cで，すべての角が等しくなるから，長方形。したがって，ひし形であり長方形でもある四角形だから，正方形。

ポイント

平行四辺形，長方形，ひし形，正方形の関係は，次のような図で表すことができる。
長方形やひし形，正方形は，平行四辺形の性質をすべてもっている。
また，正方形は，長方形とひし形の性質をすべてもっている。

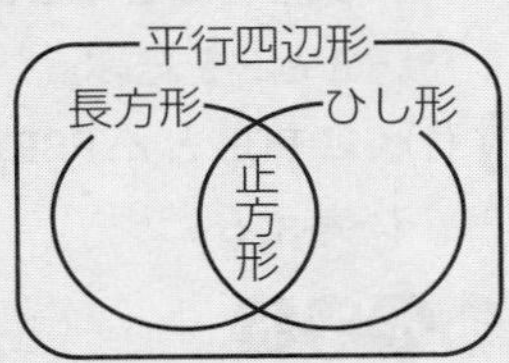

80 特別な平行四辺形②

p.85

解答

1 **〔証明〕　△AEDと△CGDで，**
正方形の4つの辺は等しいから，
AD＝[CD]　…①
DE＝[DG]　…②
また，正方形の1つの角は90°だから，
∠ADE＝∠ADC－∠EDC＝90°－∠EDC
∠CDG＝∠EDG－∠EDC＝90°－∠EDC
よって，∠ADE＝[∠CDG]　…③
①，②，③より，[2組の辺とその間の角]がそれぞれ等しいから，
△AED≡△CGD

2 **〔証明〕　仮定より，**∠ABD＝∠CBD　…①
AD//BCで，錯角が等しいから，
[∠ADB]＝∠CBD　…②
①，②より，∠ABD＝[∠ADB]　…③
[2つの角が等しい]から，
△ABDは二等辺三角形で，AB＝AD　…④
また，平行四辺形の対辺はそれぞれ等しいから，AB＝DC，AD＝BC
これと④から，
AB＝BC＝CD＝DAとなる。
[4つの辺が等しい]から，
四角形ABCDはひし形である。

解き方

1 正方形の性質(4つの辺が等しい，4つの角が等しい)を使って，2つの三角形が合同であることを導く。

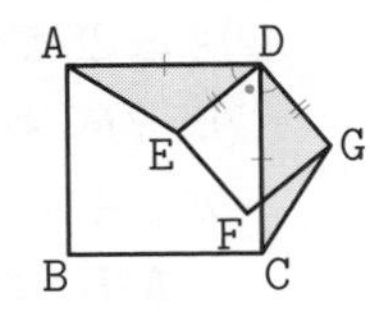

2 平行四辺形の性質や，平行線と角，二等辺三角形の性質を使って，四角形の4つの辺が等しくなることを導く。

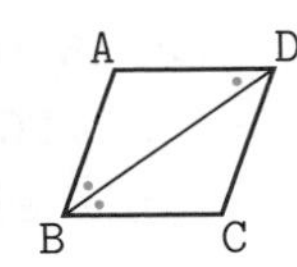

ポイント

長方形や正方形の1つの角が90°であることや，正方形の4つの辺が等しいことなどは，証明の根拠としてよく使われる。

81 平行線と面積 p.86

解答

1 (1)　△EBC＝△DBC
(2)　△DCE＝△DBE
(3)　△OCE＝△ODB
(4)　△ABE＝△ADC

2 (1)　△ACE　(2)　△ACF
(3)　△BCF
(4)　△ACE，△ACF，△BCF

解き方

1 (1)　底辺BCが共通で，DE//BCより高さが等しいから，△EBC＝△DBC

(2)　底辺DEが共通で，DE//BCより高さが等しいから，△DCE＝△DBE

(3)　(1)より，△EBC＝△DBCだから，それぞれの三角形から共通部分の△OBCをひくと，
　△EBC－△OBC＝△DBC－△OBC
よって，△OCE＝△ODB

(4)　(2)より，△DBE＝△DCEだから，それぞれの三角形に△ADEを加えると，
　△DBE＋△ADE＝△DCE＋△ADE
よって，△ABE＝△ADC

2 (1)　底辺AEが共通で，AD//BCより高さが等しいから，
△ABE＝△ACE

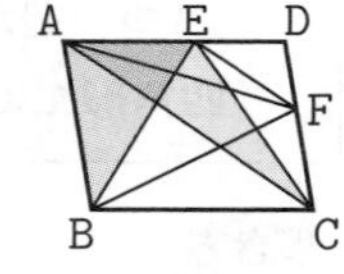

(2)　底辺ACが共通で，EF//ACより高さが等しいから，
△ACE＝△ACF

(3)　底辺FCが共通で，AB//DCより高さが等しいから，
△ACF＝△BCF

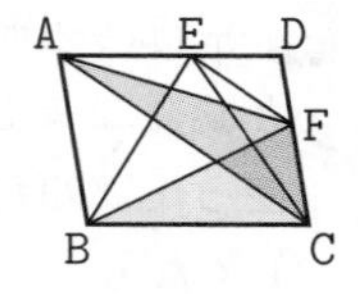

(4)　(1)〜(3)の答えをすべて並べればよい。

ポイント

底辺が共通で，高さが等しい三角形は，面積が等しい。

82 等積変形 p.87

解答

1 **（図の例は右のとおり）**
面積…14 cm²

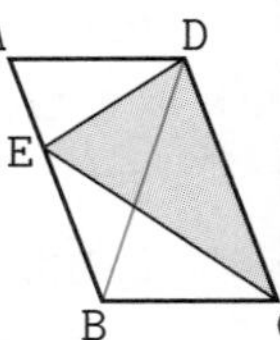

2

3 (1)　**〔説明〕　点Qを通り線分PRと平行な線と辺BCとの交点をSとする。**

(2)

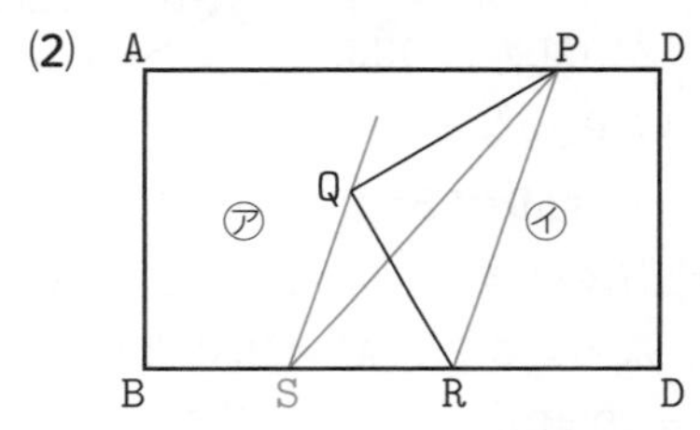

解き方

1 DとBを結んで△DBCをつくると，△DECと△DBCは，底辺DCが共通で，AB//DCより高さが等しいから面積が等しい。（または，AとCを結んで△ACDをつくってもよい。）
　面積は，平行四辺形ABCDの面積の半分で，
　　28÷2＝14(cm²)

2 次の手順でかく。
　①　対角線ACをひく。
　②　Dを通りACに平行な直線をひき，直線ℓとの交点をEとする。
　③　AとEを結ぶ。

3 (1)　△PQRと△PSRの面積が等しくなるように考える。

ポイント

平行線を利用することで，面積を変えずに三角形の形を変えることができる。

83 確率の求め方

p.88

解答

1 (1) $\frac{5}{8}$　(2) $\frac{1}{4}$　(3) $\frac{1}{8}$　(4) 0

2 (1) $\frac{1}{4}$　(2) $\frac{1}{13}$　(3) $\frac{1}{52}$　(4) 1

解き方

1 まず，すべての場合の数を調べる。
玉の取り出し方は，5+2+1=8通りで，どの玉の取り出し方も同様に確からしい。

(1) 赤玉が出る場合は5通りだから，
求める確率は，$\frac{5}{8}$

(2) 青玉が出る場合は2通りだから，
求める確率は，$\frac{2}{8}=\frac{1}{4}$

(3) 白玉が出る場合は1通りだから，
求める確率は，$\frac{1}{8}$

(4) 箱の中に黒玉は入っていないので，黒玉が出る場合は0通りだから，求める確率は，
$\frac{0}{8}=0$

2 トランプの引き方は全部で52通りで，その中のどのカードを引く場合も同様に確からしい。

(1) ハートのカードを引く場合は，13通り
よって，求める確率は，$\frac{13}{52}=\frac{1}{4}$

(2) 2のカードを引く場合は，4通り
よって，求める確率は，$\frac{4}{52}=\frac{1}{13}$

(3) ダイヤの6を引く場合は，1通り
よって，求める確率は，$\frac{1}{52}$

(4) トランプのカードの数は全て13以下なので，13以下のカードが出る場合は，52通り
よって，求める確率は，$\frac{52}{52}=1$

ポイント

どの場合が起こることも同じ程度であると考えられるとき，**同様に確からしい**という。

84 樹形図①

p.89

解答

1 $\frac{1}{2}$

2 $\frac{1}{3}$

3 (1) 20通り　(2) $\frac{1}{20}$

解き方

1 2枚の硬貨を区別して，A，Bとし，表を○，裏を×で表すと，右の図のようになり，表裏の出かたは全部で4通り。 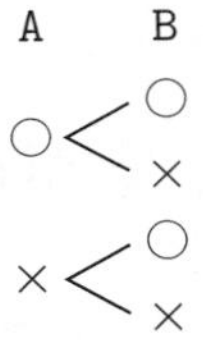
1枚が表，もう1枚が裏になる場合は，
(A，B)=(○，×)，(×，○)の2通りだから，求める確率は，$\frac{2}{4}=\frac{1}{2}$

2 グー，チョキ，パーを出すことをそれぞれグ，チ，パで表すと，右の図のようになり，XさんとYさんの手の出し方は全部で9通り。 
あいこになる手の出し方は
(X，Y)=(グ，グ)，(チ，チ)，(パ，パ)の3通りだから，求める確率は，$\frac{3}{9}=\frac{1}{3}$

3 (1) 樹形図は下の図のようになる。
選び方は全部で20通り。

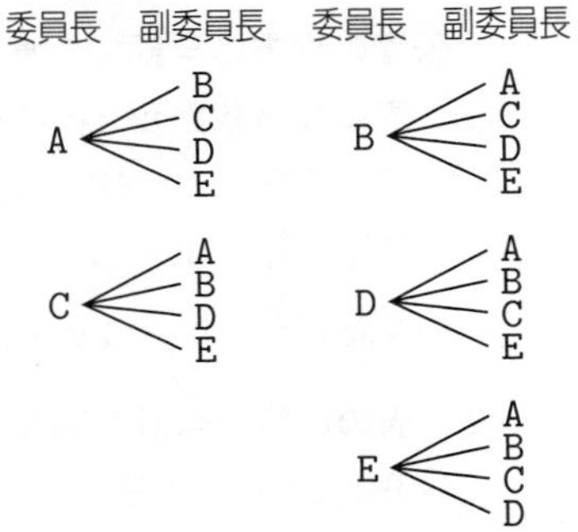

(2) Eが委員長，Cが副委員長に選ばれる場合は1通りだから，求める確率は，$\frac{1}{20}$

ポイント

樹形図を使って，もれなく数え上げる。

85 樹形図②

p.90

解答

1 ⑴ 20通り　⑵ $\frac{7}{10}$

2 ⑴ $\frac{3}{8}$　⑵ $\frac{5}{8}$

解き方

1 ⑴ 十の位のカード，一の位のカードの順に樹形図をかくと，次のようになる。

十　一　十　一　十　一　十　一　十　一

1 → 2, 3, 4, 5　2 → 1, 3, 4, 5　3 → 1, 2, 4, 5　4 → 1, 2, 3, 5　5 → 1, 2, 3, 4

できる整数は，12, 13, 14, 15, 21, 23, 24, 25, 31, 32, 34, 35, 41, 42, 43, 45, 51, 52, 53, 54の20通り。

⑵ できる整数が24以上になるのは24, 25, 31, 32, 34, 35, 41, 42, 43, 45, 51, 52, 53, 54の14通りだから，求める確率は，$\frac{14}{20}=\frac{7}{10}$

2 表を○，裏を×で表して1円，5円，10円の硬貨の順に樹形図をかくと，次のようになる。

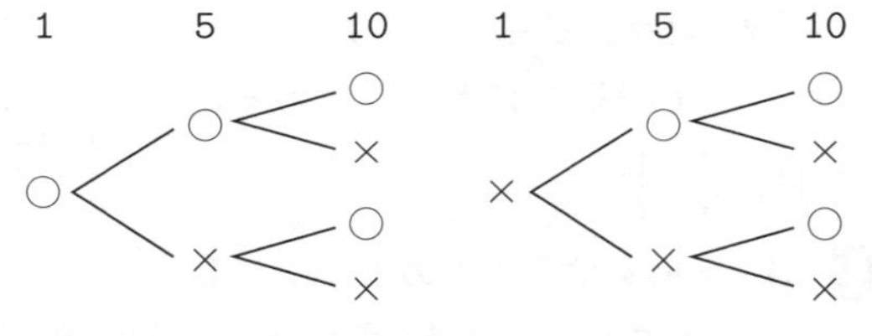

表裏の出方は全部で8通り。

⑴ 表になる枚数が2枚になるのは
(1円，5円，10円)
=(○，○，×)，(○，×，○)，(×，○，○)
の3通りだから，求める確率は，$\frac{3}{8}$

⑵ 表の硬貨の合計金額が6円以上になるのは
(1円，5円，10円)
=(○，○，○)，(○，○，×)，(○，×，○)，
(×，○，○)，(×，×，○)
の5通りだから，求める確率は，$\frac{5}{8}$

ポイント

樹形図をかいて確率を求める。

86 表①

p.91

解答

1 ⑴ $\frac{1}{9}$　⑵ $\frac{35}{36}$

2 ⑴ $\frac{3}{4}$　⑵ $\frac{31}{36}$

解き方

1 起こりうる場合を表にすると，目の出方は全部で36通りある。

	1	2	3	4	5	6
1					○	
2						○
3						
4						
5	○					
6		○				

⑴ 出た目の数の差が4になる場合は表の○の部分で4通りだから，求める確率は，$\frac{4}{36}=\frac{1}{9}$

⑵ 少なくとも一方が2以上の目が出る場合は表の○の部分で35通りだから求める確率は，$\frac{35}{36}$

	1	2	3	4	5	6
1		○	○	○	○	○
2	○	○	○	○	○	○
3	○	○	○	○	○	○
4	○	○	○	○	○	○
5	○	○	○	○	○	○
6	○	○	○	○	○	○

2 起こりうる場合を表にすると，目の出方は全部で36通りある。

	1	2	3	4	5	6
1		○		○		○
2	○	○	○	○	○	○
3		○		○		○
4	○	○	○	○	○	○
5		○		○		○
6	○	○	○	○	○	○

⑴ 出た目の数の積が偶数になる場合は表の○の部分で27通りだから，求める確率は，$\frac{27}{36}=\frac{3}{4}$

⑵ 出た目の数の積が4以上になる場合は表の○の部分で31通りだから求める確率は，$\frac{31}{36}$

	1	2	3	4	5	6
1				○	○	○
2		○	○	○	○	○
3		○	○	○	○	○
4	○	○	○	○	○	○
5	○	○	○	○	○	○
6	○	○	○	○	○	○

ポイント

さいころの問題では，表を使って解くとよい。

87 表②

p.92

解答

1 (1) $\frac{1}{2}$　(2) $\frac{1}{2}$　(3) $\frac{1}{6}$

2 (1) $\frac{3}{10}$　(2) $\frac{3}{5}$　(3) $\frac{1}{10}$

解き方

1 (1)　2人の委員の選び方は右の表のように，全部で6通りで，Aが委員に選ばれる場合は

	A	B	C	D
A		○	○	○
B			○	○
C				○
D				

(A，B)，(A，C)，(A，D)の3通りなので，

求める確率は，$\frac{3}{6}=\frac{1}{2}$

(2)　(1)より求める確率は，$1-\frac{1}{2}=\frac{1}{2}$

(3)　CとDが委員に選ばれる場合は1通りなので，求める確率は，$\frac{1}{6}$

2 (1)　男子2人をA，B，女子3人をC，D，Eとすると，2人の当番の選び方は右の表のように，全部で10通りで，2人とも女子が選ばれる場合は

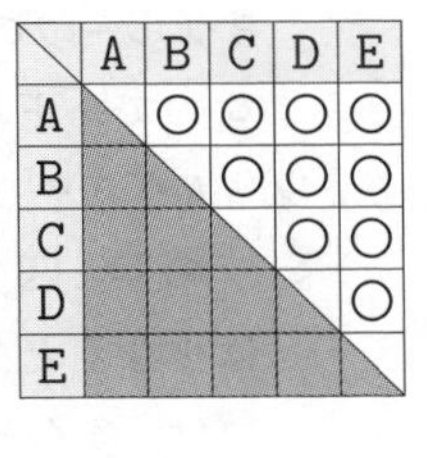

	A	B	C	D	E
A		○	○	○	○
B			○	○	○
C				○	○
D					○
E					

(C，D)，(C，E)，(D，E)の3通りなので，

求める確率は，$\frac{3}{10}$

(2)　男子と女子が1人ずつ選ばれる場合は

(A，C)，(A，D)，(A，E)，

(B，C)，(B，D)，(B，E)

の6通りなので，求める確率は，$\frac{6}{10}=\frac{3}{5}$

(3)　2人とも男子が選ばれる場合は(A，B)の1通りなので，求める確率は，$\frac{1}{10}$

ポイント

2人の当番を選ぶとき，(1)，(2)，(3)のどれかが必ず起こるから，確率の和は$\frac{3}{10}+\frac{3}{5}+\frac{1}{10}=1$

88 確率の利用

p.93

解答

1 (1) $\frac{2}{5}$　(2) $\frac{1}{10}$　(3) **ちがいはない**

2 (1) ＋　－　＋　－　＋　－　＋　－

1 ─ 2，3_a，3_b　　2 ─ 1，3_a，3_b　　3_a ─ 1，2，3_b　　3_b ─ 1，2，3_a

(2) $\frac{2}{3}$

解き方

1 (1)　①，②をあたり，3，4，5をはずれとして樹形図をかくと，Bがあたりをひく確率は，

$\frac{8}{20}=\frac{2}{5}$

A ① ─ B ②，3，4，5
A ② ─ B ①，3，4，5
A 3 ─ B ①，②，4，5
A 4 ─ B ①，②，3，5
A 5 ─ B ①，②，3，4

(2)　2人ともあたりをひく確率は樹形図より，

$\frac{2}{20}=\frac{1}{10}$

(3)　もとに戻さない場合，樹形図より，Bがあたる確率は，$\frac{8}{20}=\frac{2}{5}$

もとに戻す場合，Bがひくときは5本のうち2本あたりが入っている状態なので，Bがあたる確率は，$\frac{2}{5}$

よって，Bのあたる確率に違いはない。

2 (1)　2つの3は別のものとして樹形図を完成させる。できる整数は全部で12個。

(2)　できた整数のうち，23以上のものは8個なので，求める確率は，$\frac{8}{12}=\frac{2}{3}$

ポイント

確率の問題で，同じものが2つ以上ある場合，その**同じもの**は**区別する**とよい。

くじびきでは，**あたる確率**は**順番に関係ない**ことは知っておくとよい。

89 箱ひげ図①

p.94

解答

1 (1) **第１四分位数…４点, 第２四分位数…７点, 第３四分位数…8.5点** (2) **4.5点**

(3)

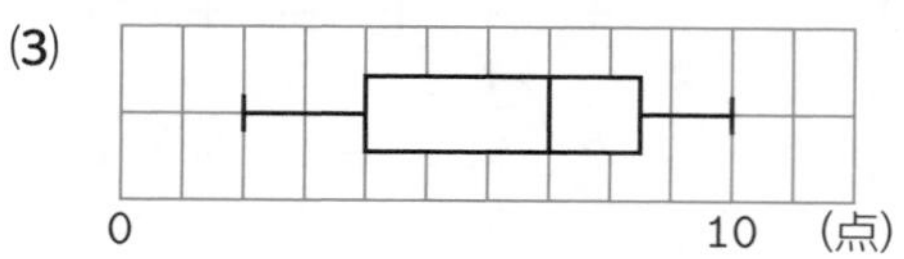

2 (1) **第１四分位数…6.5時間,**
第２四分位数…9.5時間,
第３四分位数…14.5時間,
四分位範囲…８時間

(2) **最大値…19時間, 最小値…０時間**

(3)

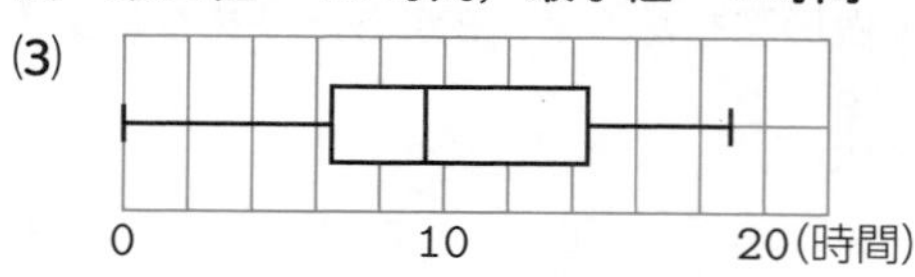

解き方

1 (1)

前半部分　　　　後半部分

2, 3, 3, | 5, 6, 6, ⑦, 7, 7, 8, | 9, 9, 10

第１四分位数　中央値　第３四分位数

第２四分位数は, ７点

第１四分位数は, $\frac{3+5}{2}=4$(点)

第３四分位数は, $\frac{8+9}{2}=8.5$(点)

(2) 四分位範囲は, $8.5-4=4.5$(点)

第３四分位数－第１四分位数

(3) 最大値は10, 最小値は2, これらと(1)で求めた四分位数から, 箱ひげ図をかく。

2 (1)

前半部分　　　　後半部分

0, 4, 6, | 7, 9, 9, | 10, 11, 13, | 16, 18, 19

第１四分位数　中央値　第３四分位数

第２四分位数は, $\frac{9+10}{2}=9.5$(時間)

第１四分位数は, $\frac{6+7}{2}=6.5$(時間)

第３四分位数は, $\frac{13+16}{2}=14.5$(時間)

四分位範囲は, $14.5-6.5=8$(時間)

第３四分位数－第１四分位数

(3) 最大値, 最小値, 四分位数から, 箱ひげ図をかく。

ポイント

データの値を大きさの順に並べたとき, その中央の値を**中央値**という。データの前半部分の中央値を**第１四分位数**, 後半部分の中央値を**第３四分位数**という。

90 箱ひげ図②

p.95

解答

1 (1) **正しい** (2) **正しい** (3) **正しくない**
2 (1) ② (2) ① (3) ③

解き方

1 (1) Ａグループの範囲は, $38-21=17$(kg)
Ｂグループの範囲は, $43-17=26$(kg)
Ａグループの四分位範囲は, $33-25=8$(kg)
Ｂグループの四分位範囲は, $35-24=11$(kg)
なので, 正しい。

(2) Ａグループの第１四分位数が25, Ｂグループの第１四分位数が24なので, Ａグループは少なくとも, 12人いるのに対し, Ｂグループは, 多くとも11人しかいないので, 正しい。

(3) Ａグループの中央値は, 29なので, 30以上は多くとも７人しかいない。Ｂグループの中央値は, 32なので, ８人以上いる。

2 (1) 右寄りになっているから, 第３四分位数が大きいので, ②

(2) 左右対称で, 真ん中が低くなっているので, 四分位範囲が大きく, 箱が大きいので, ①

(3) 左寄りになっているから, 第１四分位数が小さいので, ③

ポイント

長さに関係なくそれぞれ約25％のデータがふくまれています。

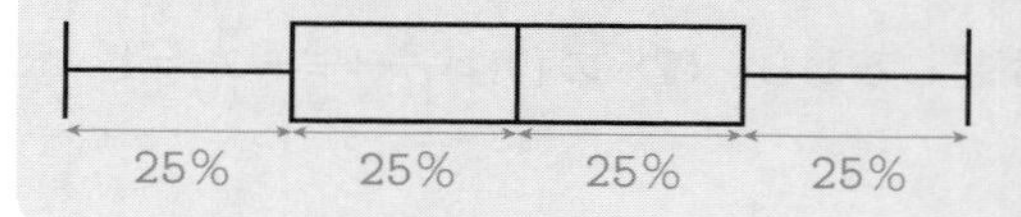